LA MINERÍA HA MUERTO. LARGA VIDA A LA MINERÍA GEOPOLÍTICA

LA MINERÍA HA MUERTO. LARGA VIDA A LA MINERÍA GEOPOLÍTICA

Cómo China y Occidente transformaron los minerales críticos en poder geopolítico

---

MARTA RIVERA

EDUARDO ZAMANILLO

© 2025 Marta Rivera & Ed Zamanillo

Reservados todos los derechos. Ninguna parte de esta publicación puede ser reproducida, transmitida ni registrada por ningún sistema de recuperación de información, en ninguna forma ni por ningún medio, sea electrónico, mecánico, fotocopia, grabación u otro, sin la autorización previa y por escrito de los titulares del copyright.

Aviso legal: Este libro se basa exclusivamente en fuentes de acceso público. Los análisis, perspectivas y opiniones expresadas son de exclusiva responsabilidad de los autores y no representan necesariamente la postura de la editorial.

Primera edición en español, Agosto 2025
(Revisión 2, actualización menor en septiembre 2025).

Traducción del inglés por los autores de la edición original *Mining Is Dead. Long Live Geopolitical Mining*.

Publicado por QM Books
Toronto, Ontario, Canadá
www.qmbooks.ca
Impreso en Canadá

ISBN 978-1-069816542 (hardcover)
ISBN 978-1-069816528 (paperback)
ISBN 978-1-069816535 (ebook)

Obra registrada en el Registro de Derechos de Autor de la Oficina de Propiedad Intelectual de Canadá (CIPO).

CIPO registration: Reg. No. 1237213 (2025)
CIP record — Library and Archives Canada / Bibliothèque et Archives Canada.
Legal deposit — Library and Archives Canada / Bibliothèque et Archives Canada.

Con amor infinito a nuestros hijos: Matilde, Rafaela e Ignacio.

Índice

Introducción	xi
Nota de los autores	xiii

1. CUANDO LA MINERÍA SE VOLVIÓ GEOPOLÍTICA — 1

La concentración de minerales críticos: un punto de inflexión — 2

Más allá de la extracción: el control de toda la cadena de suministro — 3

Redibujando el mapa del poder global — 5

De las minas a la estrategia: impactos en la seguridad nacional y la política exterior — 8

Un nuevo paradigma para la minería — 12

2. CHINA LO VIO PRIMERO. MINERALES, VISIÓN ESTATAL Y ESTRATEGIA DE LARGO PLAZO — 15

La visión temprana de China: anticipación política y alineación industrial — 16

Coordinación Estado-empresa y dominio de la cadena de suministro — 18

Hacia una minería más limpia: el enfoque ESG en evolución de China — 22

Presencia global estratégica: inversiones en África, América Latina y Asia Central. — 26

Más allá de la extracción: la estrategia minera global de China — 31

Reflexiones estratégicas: lecciones del caso chino — 32

Minerales, Poder y Visión: Una Estrategia que Deja Huella — 39

3. ¿Y QUÉ PASÓ CON LA MINERÍA EN OCCIDENTE? — 41

Desafíos estructurales en la minería occidental: cuando la fortaleza se convierte en límite — 42

Cuando una industria pierde su lugar en el relato — 63

Cuando Occidente no suministra: la minería ilegal e informal ocupa el espacio 66
Occidente Minero: cuatro modelos para la recuperación estratégica 73
Hacia un nuevo modelo minero estratégico y narrativo 94

4. ¿QUÉ ROL JUEGA REALMENTE AMÉRICA LATINA EN ESTA DISPUTA GLOBAL POR LOS MINERALES? 99
América Latina no es un bloque: fragmentación estructural 101
La política como núcleo del modelo minero en América Latina 120
Síntomas compartidos: señales de una fragilidad estructural 123
Lo que subyace detrás de los tres síntomas estructurales 133
Geopolítica en América Latina: China y Occidente en Disputa por los Minerales del Futuro 136
América Latina ante su encrucijada minera 140

5. ¿PUEDE EL CONTINENTE AFRICANO FRAGMENTADO NEGOCIAR COMO POTENCIA? 145
Un consenso sin precedentes 146
La riqueza mineral de África y la carrera global 148
Quince países clave: perfiles de actores geopolíticos en minería 150
La paradoja africana: diversidad como fortaleza, diversidad como reto 164
África ante la ventana estratégica de la minería geopolítica 172

6. ¿PUEDE ASIA MÁS ALLÁ DE CHINA NEGOCIAR SU LUGAR EN LA GEOPOLÍTICA MINERA? 177
Panorama regional: recursos y alineamientos estratégicos 178
Factores que están redefiniendo la industrialización minera en Asia más allá de China 190
¿Será sostenible el protagonismo estatal en la minería del nuevo orden global? 197

7. LA ERA DE LA MINERÍA GEOPOLÍTICA	201
Siete lecciones estratégicas	202
La minería ilegal como vulnerabilidad estratégica	214
El mapa del nuevo orden minero	215
El rol del Estado y de las empresas	217
Del diagnóstico a la ejecución: cuatro ejes para actuar y una alerta para observar	219
Preguntas que abren futuro	222
Cinco Insights Mineros Geopolíticos	224
La próxima era minera	227
Referencias	229

Introducción

Durante años, la minería fue tratada como una industria más. Una actividad técnica, pesada, necesaria, pero incómoda. Algo que estaba en el trasfondo del sistema productivo, pero no en el centro de las decisiones. Pero el mundo cambió. Y con él, todo cambió.

La inteligencia artificial, la computación cuántica, la transición energética, los sistemas de defensa autónoma y la carrera espacial están dando forma a una nueva revolución industrial. Y en el corazón de todas esas transformaciones no están solo los algoritmos o las infraestructuras. Están los minerales.

Cada batería, cada servidor, cada satélite y cada centro de datos depende del litio, el cobalto, el grafito, las tierras raras, el cobre, el uranio. Los materiales que antes nadie mencionaba, hoy son las llaves del futuro. Y sin embargo, seguimos actuando como si fueran abundantes. Como si el acceso, la extracción, el procesamiento y la logística no fueran ya parte de una nueva disputa global. La minería ya no es técnica. Es política. Es diplomática. Es estratégica.

Quien controle los minerales críticos controlará la velocidad, las condiciones y las reglas de la próxima era tecnológica. Pero mientras la demanda se acelera, las respuestas institucionales se quedan

Introducción

atrás. La inversión formal se desacelera. Los marcos regulatorios se vuelven más complejos. Las comunidades desconfían. Y donde falta claridad, emerge otra cosa: la minería ilegal. Silenciosa. Violenta. Inrastreable. Incontrolable. Un síntoma de que algo esencial ha dejado de funcionar.

En este contexto, algunos países ya se están moviendo. Algunos por necesidad, otros con estrategia, y otros aún lo están pensando. Este libro parte de una observación honesta: nadie tiene todas las respuestas. Pero algunos ya están moviendo sus piezas. China lo entendió antes que nadie. Argentina avanza con pragmatismo. Indonesia desafía el orden global con una industrialización forzada. Canadá apuesta por la legitimidad construida con las comunidades. Australia ejecuta con eficiencia institucional.

Este libro no busca imponer modelos. No trae soluciones cerradas. No pretende ser el único marco válido. Es una invitación: a observar, a reflexionar y a redefinir lo que entendemos por minería. Porque si no actualizamos la forma en que hablamos de minería —si no la ubicamos donde realmente pertenece en este nuevo orden mundial— terminaremos defendiendo un modelo que ya no existe.

Queremos explorar qué decisiones están tomando los países que no quieren repetir el pasado. Queremos mostrar qué se está probando, dónde están las señales y qué preguntas siguen abiertas.

La vieja minería ha muerto. Larga vida a la minería geopolítica.

Nota de los autores

Un libro escrito en un mundo en transformación (2024-2025)

Este libro fue escrito en un momento en que el orden global no solo estaba cambiando, sino acelerándose. En solo unos meses, fuimos testigos de una cascada de eventos geopolíticos, tecnológicos e institucionales que reformularon la forma en que los países piensan la soberanía, el riesgo y el desarrollo. Mientras escribíamos, surgieron las siguientes señales:

- La inteligencia artificial pasó de la experimentación a convertirse en infraestructura crítica. En menos de un año, comenzó a transformar la defensa, la industria y la planificación estratégica, obligando a las instituciones a operar en tiempos comprimidos.
- Una nueva carrera espacial ganó velocidad. Misiones de China, Estados Unidos, India y actores privados empujaron la frontera más allá de la Tierra, convirtiendo la presencia orbital en una cuestión de proyección de poder.
- La transición energética global se profundizó, pero también sus contradicciones: la creciente demanda de minerales se

enfrentó a cuellos de botella regulatorios, resistencia social y tensiones geopolíticas.
- Javier Milei fue electo presidente en Argentina, desencadenando profundas reformas económicas y reconfigurando los debates institucionales en uno de los países más ricos en recursos de América Latina.
- Donald Trump regresó a la presidencia de Estados Unidos y se consolidó nuevamente como una figura central en la política global, planteando preguntas sobre el futuro del multilateralismo, el comercio y la política industrial. Los anuncios de nuevos aranceles por parte de su administración comenzaron a generar movimientos en la industria minera global. Aunque sus impactos aún no pueden medirse con certeza, ya se observan ajustes en cadenas de valor, decisiones de inversión y debates estratégicos sobre el suministro de minerales críticos.
- La guerra en Ucrania continuó, mientras surgían nuevas zonas de inestabilidad – desde el Mar Rojo hasta el Sahel – redibujando los mapas tradicionales de seguridad y suministro.
- La Unión Africana se unió al G20. BRICS se expandió. La Asociación para la Seguridad de Minerales añadió nuevos países productores a su foro.
- El uranio recuperó centralidad. El litio mostró su volatilidad. Y el cobre – silenciosa pero constantemente – regresó al centro de la atención global.

Mencionamos estos hechos no para explicarlos, sino para situar este libro dentro de ellos. Estas son las condiciones de observación —el telón de fondo que dio forma a cada página que sigue.

No escribimos este libro para describir los titulares. Lo escribimos para entender las estructuras que hay detrás. Lo que los países están haciendo —o dejando de hacer— frente a este nuevo orden. Qué patrones están emergiendo bajo el ruido. Qué decisiones, lentas o experimentales, comienzan a redibujar el mapa de la minería, el poder y la legitimidad. Nuestro objetivo no es validar o criticar polí-

Nota de los autores

ticamente, sino observar de manera estratégica y reflexiva las decisiones que impactan la política minera mundial.

Este libro nace de nuestra pasión por comprender el rol de la minería en el mundo actual. No pretendemos ofrecer un catálogo exhaustivo de datos técnicos, sino un análisis que invite a la reflexión sobre los desafíos y oportunidades de esta industria. Nos hemos basado en información proveniente de organizaciones e instituciones reconocidas, disponible de manera pública, como reportes de la USGS y estudios especializados, que se encuentran detallados en la bibliografía. En el camino, nos hemos encontrado con autores e investigaciones fascinantes que enriquecieron nuestra perspectiva y que los invitamos a explorar en las referencias citadas. Esperamos que este trabajo inspire a los lectores a descubrir las complejidades de la minería desde una mirada fresca y crítica.

Este no es un libro sobre la urgencia. Es un libro sobre la claridad. Y comienza aquí.

UNO

Cuando la minería se volvió geopolítica

¿Quién controla el futuro? En el siglo XX, la respuesta habría sido: las naciones con las industrias más avanzadas, las mayores fábricas de chips o los primeros satélites en órbita. Pero en el siglo XXI, otra respuesta se impone con fuerza: quién controla los minerales críticos que sustentan esas tecnologías. La minería ya no es un sector técnico de bajo perfil que extrae materias primas en segundo plano. Ha pasado al centro del escenario como asunto de política, poder y estrategia global. En pocas palabras, la minería se ha vuelto geopolítica. Hoy, la pregunta sobre quién suministra y procesa minerales claves —como litio, cobalto, grafito, tierras raras, níquel y cobre— está entrelazada con quién define el ritmo del progreso tecnológico y de la seguridad nacional.

La vida moderna y las industrias más avanzadas dependen de estos insumos antes "invisibles". Cada batería de vehículo eléctrico, cada servidor de datos de alta capacidad, cada panel solar y cada misil guiado requiere una combinación de minerales que pocos países producen en abundancia. Esto representa un cambio drástico: durante décadas, los minerales fueron tratados como insumos genéricos, lejos del foco de la alta política. Ahora, sin embargo, la carrera global por los minerales críticos está redefiniendo alianzas, políticas comerciales y estrategias de defensa. La primera sección de este capítulo explora cómo la extrema concentración del suministro mineral marcó el punto de inflexión donde los temas mineros se convirtieron en asuntos de Estado.

La concentración de minerales críticos: un punto de inflexión

Una de las razones fundamentales por las que la minería se ha vuelto geopolítica es la alta concentración de los recursos y capacidades de procesamiento de minerales críticos en unos pocos países. Hay más de 190 países en el mundo, pero solo un pequeño grupo controla la mayor parte de la producción —o la capacidad de refinación— de los minerales que impulsan la nueva era industrial. Esta concentración genera vulnerabilidades estratégicas y desequilibrios de poder. Por ejemplo, según la Agencia Internacional de Energía (IEA), la República Democrática del Congo representa aproximadamente el 70% de la producción mundial de cobalto, un mineral vital para las baterías. China produce alrededor del 60% de todos los elementos de tierras raras, un grupo de 17 metales esenciales para todo, desde teléfonos inteligentes hasta aviones de combate. Indonesia representó aproximadamente el 55% de la producción mundial de níquel extraído en 2023. Más recientemente, empresas chinas controlan alrededor del 75% de la capacidad de refinación de níquel en el país. Y solo dos países —Australia y Chile— producen en conjunto casi el 75% del litio mundial, el corazón indispensable de las baterías modernas.

No es solo la extracción de estos minerales lo que está concentrado. Más decisivamente aún, el procesamiento y la refinación de minerales críticos están dominados por muy pocos actores. China es la fuerza preeminente en el refinamiento mineral a nivel mundial. Según la Agencia Internacional de Energía (IEA), China es responsable de refinar cerca del 90% de todos los elementos de tierras raras (IEA, 2024) y entre el 60% y 70% del litio y el cobalto del mundo (IEA, 2025). Esto significa que, incluso si un mineral se extrae en otro país, China suele controlar el paso que lo convierte en un material de alta pureza y utilizable. Un nivel de control tan desproporcionado por parte de una sola nación sobre insumos críticos no tiene precedentes en la historia industrial moderna: ni siquiera el mercado del petróleo estaba tan geográficamente concentrado como el de las tierras raras o los minerales para baterías en la actualidad.

Estos hechos marcaron un punto de inflexión. Cuando un solo país puede influir en el suministro —y en el precio— de los minerales de los que dependen industrias enteras y sistemas militares, esos minerales dejan de ser tratados como simples commodities. Se convierten en activos estratégicos. Los responsables de política en todo el mundo han tomado nota: las cadenas de suministro de minerales son un cuello de botella estratégico, una herramienta de presión diplomática y una potencial vulnerabilidad en tiempos de crisis. La siguiente sección examina por qué no basta con tener un yacimiento: el verdadero poder reside en controlar toda la cadena, desde la mina hasta la tecnología final.

Más allá de la extracción: el control de toda la cadena de suministro

Poseer un rico yacimiento de litio o una mina de cobre tiene valor, pero el verdadero poder geopolítico proviene de controlar toda la cadena de valor: desde la extracción hasta las tecnologías avanzadas. En el nuevo orden mineral, no basta con tener materias primas bajo tierra; un país debe ser capaz de transformar esos materiales en los productos que otros necesitan.

Esto implica varias etapas:

- Exploración: descubrimiento de yacimientos minerales viables.
- Extracción: extracción del mineral desde el subsuelo.
- Procesamiento/Refinación: conversión del mineral bruto en metales o compuestos de alta pureza.
- Manufactura: uso de materiales refinados para fabricar componentes y tecnologías (baterías, imanes, chips, etc.).
- Exportación y despliegue: entrega de los productos terminados a mercados globales o sectores estratégicos.

Cada paso adicional en la cadena agrega valor y aumenta el poder de negociación. Dicho simplemente: si solo exportas mineral bruto, quedas a merced de quienes pueden refinarlo y utilizarlo. Un ejemplo claro es el litio: Australia es el mayor productor de litio del mundo, pero tiene una capacidad mínima de refinación de litio o fabricación de baterías en su propio territorio. En 2023, Australia envió casi toda su producción de concentrado de litio a China para su procesamiento. Así, mientras Australia obtiene ingresos por exportación, China captura mucho más valor refinando ese litio en compuestos de grado batería y fabricando baterías de ion-litio.

China reconoció esta dinámica desde temprano e invirtió masivamente en cada eslabón de la cadena. Las empresas chinas controlaban alrededor de dos tercios de la capacidad global de procesamiento de litio y cobalto en 2022. Además, China se convirtió en el centro de manufactura de las tecnologías que dependen de esos minerales. Según una estimación, en 2022 China produjo el 85% de los ánodos de batería del mundo, el 70% de los cátodos y más del 80% de las soluciones electrolíticas —todos componentes críticos de las baterías de ion-litio. Como resultado, en 2023 China concentró cerca del 85% de la capacidad mundial de producción de celdas de batería. Este dominio en procesamiento y manufactura no fue un accidente: fue el fruto de una estrategia deliberada y sostenida que alineó la política industrial con la adquisición de recursos.

Otros países están comenzando a seguir su ejemplo. Indonesia es un caso ejemplar de un país que aprovecha su base de recursos para obtener beneficios más amplios. Rica en níquel, Indonesia — tras prohibir en 2020 la exportación de mineral de níquel sin procesar — ha construido una industria de refinación sustancial en su territorio. Las empresas chinas controlan aproximadamente el 75% de la capacidad de refinación de níquel en Indonesia a fines de 2023. Este cambio refleja el esfuerzo estratégico de Indonesia por ascender en la cadena de valor mediante la integración de infraestructura de refinación local. Subraya una lección clave de la nueva geopolítica minera: controlar el eslabón intermedio (refinación) es ahora tan importante como controlar la mina misma.

En resumen, los minerales críticos se han convertido en una competencia no solo por los yacimientos geológicos, sino por el control del conocimiento, la infraestructura y la logística que convierten esos minerales en tecnologías modernas. Los países que integran verticalmente —asegurando minas en el extranjero, construyendo refinerías en casa y fabricando productos finales— se están posicionando para ejercer una influencia mucho mayor que aquellos que simplemente exportan mineral sin procesar. La siguiente sección conecta estos cambios en la cadena de suministro con una visión más amplia: cómo la geopolítica de los minerales está redibujando el mapa del poder global.

Redibujando el mapa del poder global

La transformación de los minerales en activos estratégicos está reconfigurando las dinámicas del poder global. En el pasado, el peso geopolítico se medía en barriles de petróleo o en la cantidad de fábricas de semiconductores; hoy también se mide en toneladas de litio, cobalto y tierras raras, y en la capacidad de refinarlos y utilizarlos estratégicamente. Este cambio está estrechamente ligado a las principales prioridades globales de nuestra época: la transición hacia energías limpias, la revolución digital y las tecnologías de defensa avanzadas. Cada una de ellas depende de una escala de minerales sin precedentes.

Energía limpia y movilidad

Los vehículos eléctricos (EV), los sistemas de energía renovable y el almacenamiento en red son altamente intensivos en minerales. Un EV requiere muchos más minerales que un automóvil a gasolina: litio para la batería, cobalto y níquel para el cátodo, grafito para el ánodo, tierras raras para los motores y cobre en todo el sistema. Las turbinas eólicas y los paneles solares necesitan imanes de tierras raras, zinc, plata y aún más cobre. A medida que los países avanzan hacia economías con menores emisiones de carbono, la demanda por estos minerales está aumentando rápidamente. De hecho, la demanda global de minerales críticos creció significativamente solo en 2023: la demanda de litio aumentó un 30% en un año, y la de níquel, cobalto, grafito y tierras raras subió entre un 8% y un 15%. Esta tendencia continuará a medida que las tecnologías verdes se escalen. La IEA proyecta que los requerimientos minerales para tecnologías de energía limpia se duplicarán o más en las próximas dos décadas, y que para 2040 las aplicaciones de energía limpia podrían representar casi la mitad de la demanda total de minerales como el cobre y las tierras raras.

Alta tecnología e infraestructura digital

Detrás de la innovación tecnológica hay una base material poco conocida pero crítica. Los semiconductores y dispositivos electrónicos requieren silicio ultrapuro y metales como tántalo, galio, germanio y tierras raras (para componentes especializados y óptica). Por ejemplo, el galio y el germanio son esenciales para chips de alta velocidad y sistemas de fibra óptica. El dominio de China en estos minerales tiene implicancias geopolíticas reales —como quedó en evidencia en 2023, cuando China impuso controles a la exportación de galio y germanio, invocando razones de seguridad nacional. Esto fue una llamada de atención para muchos: así como los embargos petroleros sacudieron al mundo en los años setenta, hoy las restricciones a las exportaciones de minerales pueden convertirse en un arma geoestratégica. La computación avanzada —incluida la cuántica y los servidores de inteligencia artificial— también necesita un suministro confiable de minerales especiales para sus componentes y sistemas de enfriamiento. Así, el control sobre los minerales se traduce en control sobre los bloques fundamentales de la economía digital.

Defensa y aeroespacio

Los ejércitos modernos son, en la práctica, tanto ejércitos de metales como de silicio y software. Aviones de combate, drones, misiles y satélites requieren elementos de tierras raras (para sensores, sistemas de guía y aleaciones metálicas), así como titanio, aluminio y materiales compuestos —todos derivados de minerales extraídos. Por ejemplo, los imanes de tierras raras son fundamentales para las municiones guiadas de precisión y las tecnologías de sigilo. El uranio —aunque es un caso especial— es evidentemente central para la energía y la defensa nuclear. En una era de creciente competencia entre grandes potencias, el acceso seguro a estos materiales se considera una prioridad de seguridad nacional. Los países están comenzando a evaluar sus cadenas de suministro de minerales con la misma seriedad con que analizan sus reservas de petróleo o su seguridad alimentaria.

El mapa del poder global ya no se traza solo con petróleo, tecnología o armas, sino también con minerales críticos. Los países que controlan el suministro de minerales críticos —y las industrias asociadas— ganan influencia en los asuntos internacionales. Quienes carecen de ese control se ven obligados a diseñar estrategias para reducir sus vulnerabilidades. Esto se refleja con claridad en las respuestas de las grandes potencias, que exploraremos a continuación. Estados Unidos, China, la Unión Europea y otros están recalibrando sus políticas para enfrentar la realidad de que las llaves de la próxima era tecnológica están bajo tierra y en las plantas de procesamiento. El ámbito técnico de la minería ahora se discute en términos de resiliencia estratégica, seguridad de suministro e incluso como un factor en la construcción de alianzas.

De las minas a la estrategia: impactos en la seguridad nacional y la política exterior

A medida que los minerales críticos han ganado importancia, los gobiernos de todo el mundo han elevado la minería y el suministro de minerales al nivel de la seguridad nacional y la política exterior. Lo que antes quedaba en manos de empresas mineras y operadores de commodities, hoy ocupa un lugar prioritario en la agenda de presidentes, ministerios de defensa y diplomáticos. Varios cambios concretos ilustran esta transformación:

El lenguaje de la seguridad

Estados Unidos, Europa y otros aliados están comenzando a enmarcar el suministro de minerales como una cuestión estratégica de seguridad. En Estados Unidos, los minerales críticos ya se mencionan junto al petróleo en las estrategias de seguridad nacional (Casa Blanca, 2024). El gobierno ha invocado la *Defense Production Act* para impulsar la minería y el procesamiento doméstico de minerales para baterías, tratándolos como esenciales para la preparación en defensa (Departamento de Defensa, 2024). En 2022, Estados Unidos aprobó la *Inflation Reduction Act (IRA)*, que incluyó un crédito fiscal de 7.500 dólares para vehículos eléctricos, bajo la Sección 30D, condicionado a que una parte sustancial de los minerales de la batería (como litio, níquel o cobalto) proviniera de Estados Unidos o de sus socios de libre comercio (IRS, 2022). Esta orientación estratégica se profundizó con la aprobación de la *One Big Beautiful Bill* en 2025, que eliminó progresivamente el crédito fiscal de la Sección 30D y asignó 2.000 millones de dólares al Departamento de Defensa para reservas nacionales de minerales, además de 5.000 millones hasta 2029 para infraestructura vinculada a la cadena de suministro de minerales críticos (SFA Oxford, 2025). Estas medidas complementan los esfuerzos para escalar la producción y refinación de minerales críticos dentro de Estados Unidos. En paralelo, el Departamento de Defensa ha financiado directamente proyectos clave —incluyendo una importante inversión en MP Materials, la empresa que opera la única mina activa de tierras raras en Estados Unidos y avanza hacia la fabricación de imanes permanentes— bajo la *Defense Production Act*, con el objetivo de garantizar materiales estratégicos para tecnologías de defensa (Fastmarkets, 2025). Lo que antes era un problema técnico de abastecimiento, hoy se ha convertido en un pilar central de la seguridad nacional y de la soberanía industrial.

Nuevas alianzas y asociaciones

El acceso a minerales está impulsando nuevas iniciativas diplomáticas. Aliados tradicionales están formando asociaciones de seguridad mineral; por ejemplo, Estados Unidos ha firmado acuerdos de cooperación con países como Australia, Canadá y Brasil para desarrollar en conjunto minerales críticos, compartir datos y facilitar inversiones en proyectos mineros. La Unión Europea, por su parte, lanzó su *Critical Raw Materials Act* (2024) como una estrategia integral para asegurar el suministro mineral. Esta nueva legislación establece objetivos ambiciosos (aunque no vinculantes): para 2030, la UE busca extraer al menos el 10% de sus propias materias primas críticas, procesar el 40% de sus necesidades internamente y reciclar entre el 15% y el 25% de estos materiales anualmente. También pone énfasis en la diversificación del suministro: la UE busca garantizar que no más del 65% de ningún material estratégico provenga de un solo país. Para lograrlo, Europa está promoviendo asociaciones con países de África y América Latina, ofreciendo inversiones y tecnología a cambio de acuerdos de suministro seguro. En esencia, los minerales se han convertido en un tema central de la diplomacia, con países que intercambian acceso a mercados, financiamiento o infraestructura por acceso confiable a litio, cobalto, tierras raras y otros minerales clave.

. . .

La jugada estratégica de China

La ventaja inicial de China en la carrera por los minerales críticos también le ha permitido utilizar esa posición como instrumento de política exterior. Empresas chinas respaldadas por el Estado han invertido en proyectos mineros en África, América Latina y Asia, a menudo como parte de acuerdos comerciales o de infraestructura más amplios. Para 2024, las adquisiciones mineras de China en el extranjero alcanzaron su nivel más alto en más de una década —una señal clara de la intención de Beijing de asegurar aún más la base global de recursos. Para ilustrar la magnitud: empresas chinas poseen o financian una parte significativa de la producción en muchos países ricos en recursos. Controlan aproximadamente el 80% de la producción de cobalto en la República Democrática del Congo, que, recordemos, concentra la mayor parte de las reservas mundiales de este mineral. También tienen participación en operaciones de litio que van desde el "Triángulo del Litio" sudamericano (Argentina, Bolivia y Chile) hasta Australia, lo que les otorga influencia sobre una fracción considerable de la producción global de litio.

Este alcance global le permite a China enfrentar interrupciones en el suministro y seguir alimentando sus enormes industrias domésticas de procesamiento y manufactura. Además, China ha demostrado estar dispuesta a utilizar los controles de exportación de minerales críticos como herramienta geopolítica. A fines de 2023, anunció restricciones a la exportación de grafito (clave para las baterías de vehículos eléctricos) por motivos de seguridad nacional, luego de haber impuesto restricciones similares a las tierras raras, el galio y el germanio. Estas decisiones envían un mensaje claro: el control sobre los minerales puede utilizarse como palanca en disputas comerciales o enfrentamientos geopolíticos. Desde la perspectiva de los estrategas chinos, tener un dominio firme sobre estas cadenas de suministro es una fuente de poder nacional —un contrapeso frente al dominio occidental en otras áreas.

. . .

La Minería ha Muerto. Larga Vida a la Minería Geopolítica

El Sur Global y los nuevos actores

No solo las grandes potencias están ajustando sus estrategias; los países con abundantes recursos minerales también están repensando su enfoque.

Muchos en África, América Latina y Asia ven el auge de los minerales críticos como una oportunidad para impulsar el desarrollo, pero también temen repetir el viejo patrón de exportar recursos brutos sin beneficios locales sustantivos. Algunos están impulsando el procesamiento local, mayores regalías o incluso formas de cooperación. Varios países africanos están buscando agregar mayor valor localmente en la producción de cobalto y tierras raras.

Estos movimientos pueden empoderar a los países con recursos, pero también introducen nuevas tensiones geopolíticas: debates sobre nacionalismo de los recursos, preguntas sobre quién se beneficiará realmente de la transición verde y cómo equilibrar la inversión proveniente de China frente a la de Occidente. Los países ricos en minerales se encuentran hoy cortejados por múltiples actores —una escena algo familiar de la geopolítica petrolera, aunque ahora en el nuevo escenario de los minerales críticos.

En resumen, la geopolítica de la minería ha desencadenado una oleada de respuestas estratégicas: desde nuevas leyes y alianzas, hasta carreras de inversión y restricciones a las exportaciones. El tablero global está siendo reconfigurado en torno a la búsqueda de suministros minerales seguros y sostenibles. Todos estos desarrollos apuntan a una constatación central: el enfoque tradicional, pasivo, hacia la gobernanza minera ha llegado a su fin.

Los países que antes dejaban la minería en manos del mercado ahora la tratan como un sector estratégico —al que deben cultivar, proteger e incluso blindar frente al control extranjero, si es necesario. Es probable que esta tendencia se intensifique en los próximos años, a medida que la demanda de minerales siga creciendo y las ambiciones globales de descarbonización y digitalización dependan de materiales que, lejos de estar distribuidos de manera equitativa, son altamente concentrados.

Un nuevo paradigma para la minería

La transformación de la minería es, en última instancia, una historia de reconocimiento. El mundo ha reconocido que la minería no es una industria en declive ni una operación secundaria: es un pilar de la economía del futuro y un factor determinante en la ventaja geopolítica. Los minerales críticos ya no pueden ser vistos de forma aislada como simples commodities; son habilitadores del progreso y herramientas de poder. En consecuencia, los países y las empresas que entienden este cambio se están adaptando rápidamente. Aquellos que insistan en tratar la minería como un "negocio habitual" corren el riesgo de quedarse atrás, atrapados en un paradigma que ya no existe.

Las implicancias de este nuevo paradigma son tanto prometedoras como desafiantes. Por un lado, el nuevo enfoque en los minerales podría impulsar inversiones productivas, innovación en ciencia de materiales (para diversificar o sustituir elementos escasos) y acuerdos más equitativos para los países productores de recursos. Por otro lado, también plantea preguntas difíciles: ¿Llevará la competencia por minerales a nuevas tensiones o conflictos? ¿Se podrán asegurar las cadenas de suministro sin caer en el proteccionismo? ¿Y cómo enfrentará el mundo los impactos ambientales y sociales si la minería se expande de forma acelerada? Ninguna de estas preguntas tiene respuestas simples. Este capítulo ha mostrado por qué la minería ya no puede pensarse como un campo puramente técnico: se encuentra en el cruce entre la tecnología, la economía, el medioambiente y la geopolítica.

La vieja minería ha muerto, en el sentido de que las percepciones y modelos tradicionales ya no son suficientes. Lo que debe surgir en su lugar es un nuevo enfoque geopolítico de la minería: más ágil, más estratégico y más colaborativo, pero también más atento a la sostenibilidad y a la legitimidad local. Los próximos capítulos explorarán cómo distintos países están navegando este nuevo terreno. Algunos están avanzando rápidamente, otros están luchando por adaptarse, y algunos siguen en negación. Lo que está claro es que la carrera ya comenzó y un país destaca por haber comprendido la nueva realidad desde el principio: China.

China se movió primero y con decisión para asegurar minerales y construir capacidad, posicionándose para controlar potencialmente aspectos clave del futuro. Cómo ejecutó esa estrategia y qué significa para los demás será el tema de nuestro próximo capítulo, porque si la nueva máxima es "quien controla los minerales, controla el futuro", China estaba decidida a ser ese actor dominante. China fue la primera en comprenderlo y actuar en consecuencia —una jugada que podría definir la próxima era del poder global.

DOS

China lo vio primero. Minerales, visión estatal y estrategia de largo plazo

"El Medio Oriente tiene petróleo, China tiene tierras raras", comentó Deng Xiaoping en 1992. Esta afirmación provocadora, formulada mientras China salía de la Guerra Fría, plantea una pregunta que hoy resuena con más fuerza: ¿Cómo logró China anticipar el valor geopolítico de los minerales críticos décadas antes de que el resto del mundo lo comprendiera? ¿Y qué decisiones estratégicas transformaron esa visión temprana en una posición dominante dentro de las cadenas de suministro mineral a nivel global?

Este capítulo explora la visión de largo plazo de China desde la década de 1990 en adelante, analizando cómo una estrategia impulsada por el Estado alineó la política minera con las ambiciones industriales del país. Se examina el control de China sobre la cadena de suministro —desde la minería y la refinación hasta la manufactura— y se destacan las empresas clave que lideraron este esfuerzo.

En paralelo, se analiza el giro gradual de China hacia prácticas mineras más limpias y alineadas con criterios de sostenibilidad ambiental, social y de gobernanza (*Environmental, Social and Governance*, ESG). A través de ejemplos de inversiones chinas en África, América Latina y Asia Central, el capítulo muestra cómo se desplegó este enfoque a nivel global. El objetivo no es elogiar ni criticar, sino observar el enfoque chino como un caso de estudio estratégico. Al hacerlo, podemos extraer lecciones útiles para otros países que hoy navegan la nueva geopolítica de los recursos.

La visión temprana de China: anticipación política y alineación industrial

A comienzos de la década de 1990, mientras gran parte del mundo seguía centrado en el petróleo y el gas, los líderes de China ya estaban mirando hacia el futuro de los minerales. La célebre frase de Deng Xiaoping sobre las tierras raras no fue una afirmación casual: reflejaba una incipiente visión de Estado, según la cual ciertos minerales serían fundamentales para las tecnologías del siglo XXI. En una época en que los minerales críticos apenas figuraban en el discurso geopolítico, China comenzó a tratarlos como activos estratégicos. Los responsables de política en Beijing comprendieron que reducir la dependencia de los combustibles fósiles importados requeriría una transición hacia las energías renovables y la electrificación, y que esa transición, a su vez, demandaría nuevos insumos minerales.

Ya en los años noventa, el gobierno chino identificó una "oportunidad estratégica" en las energías limpias y los materiales avanzados, conectando la política de recursos con la seguridad económica de largo plazo. Esa anticipación sentó las bases para una serie de políticas industriales orientadas a posicionar a China a la vanguardia de las industrias emergentes de tecnologías limpias.

A lo largo de las décadas de 2000 y 2010, los planes de desarrollo de alto nivel de China priorizaron de forma sistemática a los minerales críticos como habilitadores del crecimiento industrial. Según Carnegie Endowment (Schäpe, 2024), iniciativas como *Made in China 2025* y el programa de *Industrias Estratégicas Emergentes* identificaron sectores como la energía renovable y los vehículos eléctricos (EV) como prioridades nacionales. Estas políticas reconocieron explícitamente que controlar la cadena de suministro —desde las materias primas hasta las tecnologías terminadas— proporcionaría a China una ventaja estratégica de largo plazo. El Estado clasificó ciertos insumos como "estratégicos" o "críticos", y hacia fines de la década de 2010 había designado oficialmente 24 minerales críticos como parte central de su desarrollo nacional. De forma crucial, el enfoque de China fue integrado desde el principio: la minería nunca se trató como un sector aislado.

Por el contrario, la política mineral se vinculó directamente con las ambiciones industriales y tecnológicas más amplias del país. El acceso al litio, cobalto, tierras raras y otros minerales fue impulsado en paralelo con el objetivo de liderar en baterías, paneles solares, turbinas eólicas y electrónica avanzada. En efecto, China trató a los minerales críticos como una capa fundacional de su estrategia industrial —una apuesta de largo plazo basada en la convicción de que garantizar el acceso a estos insumos pagaría dividendos cuando el mundo inevitablemente se orientara hacia la energía limpia y la manufactura tecnológica.

La orientación de largo plazo de Beijing también implicó establecer el apoyo institucional y financiero necesario para una estrategia minera. Desde la estrategia de *"Going Out"*, lanzada en 1999 para incentivar inversiones en recursos en el extranjero, hasta la creación de institutos de investigación y laboratorios estatales para el procesamiento de minerales, China fue construyendo metódicamente el conocimiento y la capacidad necesarios para dominar este campo. Cuando expresiones como "minerales críticos" o "metales para la transición energética" comenzaron a aparecer en los círculos políticos occidentales en la década de 2020, China ya llevaba décadas de ventaja. Había cultivado experiencia en química de tierras raras, química de baterías y refinación metalúrgica —aprendiendo muchas veces a través de asociaciones y transferencias tecnológicas en años anteriores.

En resumen, China leyó los signos con anticipación: la gran transformación industrial del siglo XXI —la transición hacia una economía baja en carbono— estaría sostenida por el acceso a minerales, y actuó con paciencia estratégica para prepararse ante esa realidad.

Coordinación Estado-empresa y dominio de la cadena de suministro

Para transformar la visión en realidad, China ejecutó una estrategia integral para asegurar y controlar las cadenas de suministro de minerales críticos mucho antes de que la demanda se disparara a nivel global. Una característica definitoria de esta ejecución fue la estrecha coordinación entre el Estado y las empresas chinas. Ministerios gubernamentales, bancos de desarrollo y empresas estatales trabajaron en conjunto para expandir la presencia de China en cada eslabón de la cadena de valor mineral: minería, refinación y manufactura. El resultado fue un nivel de dominio en la cadena de suministro que el mundo ahora comprende con claridad: hacia la década de 2020, las empresas chinas procesaban entre el 60% y el 90% de muchos minerales clave para la energía limpia y las industrias tecnológicas. En la práctica, esto significa que, desde químicos de litio grado batería hasta cobalto refinado y aleaciones de tierras raras, China se convirtió en un centro indispensable. Incluso cuando los minerales se extraen en otros países, suelen terminar en refinerías y fábricas chinas para su procesamiento como materiales de alto valor agregado.

¿Cómo logró China esto? Un factor clave fue el aprovechamiento del músculo financiero estatal y de la política industrial para fomentar empresas competitivas a nivel global en toda la cadena de suministro. China Minmetals y otros gigantes mineros estatales fueron incentivados —y financiados— para adquirir activos minerales en el extranjero, garantizando un flujo constante de materias primas hacia las fundiciones chinas. Al mismo tiempo, se promovió el surgimiento de empresas privadas innovadoras para liderar la manufactura en los eslabones finales. Por ejemplo, Contemporary Amperex Technology Co. Ltd. (CATL), fundada en 2011, creció rápidamente —gracias a las políticas domésticas de apoyo a los vehículos eléctricos— hasta convertirse en el mayor fabricante de baterías del mundo, hoy suministrando más de un tercio de todas las baterías para EV a nivel global. Build Your Dreams (BYD), fundada en 1995, otro fabricante chino de baterías y vehículos eléctricos, también ascendió con respaldo estatal hasta consolidarse como un actor dominante. Estas empresas no actuaron solas: se beneficiaron de subsidios gubernamentales, un mercado interno protegido y una orientación estratégica para asegurar el suministro en los eslabones anteriores. El gobierno chino y sus empresas construyeron, en conjunto, un ecosistema: mineras, refinerías, fabricantes de componentes y OEMs (fabricantes de equipos originales) – es decir, empresas que ensamblan productos finales como vehículos eléctricos, paneles solares o electrónica avanzada – todos alineados bajo una estrategia nacional.

Uno de los pilares del dominio de China es su control sobre la refinación y el procesamiento de minerales —el segmento intermedio de la cadena, menos visible pero crucial, que convierte los minerales en materiales de alta pureza. En este ámbito, China invirtió temprano y de forma masiva. En 2025, diversos informes muestran que China refina más del 60% del litio, cobalto y grafito del mundo, y una proporción aún mayor de los elementos de tierras raras. Esto supera con creces su participación en las reservas de recursos naturales, lo que indica que su ventaja no es solo geológica, sino el resultado de una política intencional y sostenida. Por ejemplo, China posee solo una fracción de las reservas globales de litio, pero procesa la mayor parte del litio en compuestos químicos para baterías, importando el mineral desde países como Australia y Chile y refinándolo a gran escala. Lo mismo ocurre con el cobalto (extraído principalmente en la República Democrática del Congo) y el níquel (proveniente de Indonesia y Filipinas): China es actualmente el principal centro mundial de refinación. Este enfoque estratégico en la refinación —a menudo pasado por alto por los países centrados únicamente en la minería— le ha otorgado a Beijing el control de etapas críticas de la cadena de suministro. Incluso en las proyecciones hacia 2035, según la Agencia Internacional de Energía, se espera que China suministre alrededor del 60% del litio y cobalto refinados del mundo, y cerca del 80% del grafito de grado batería y de las tierras raras, lo que subraya cuán duradero podría ser este dominio.

Las empresas estatales chinas (*State-Owned Enterprises*, SOE) desempeñaron un papel fundamental. China Minmetals, por ejemplo, no solo aseguró minas a nivel nacional, sino que también lideró adquisiciones en el extranjero —entre ellas, la compra de la mina de cobre Las Bambas en Perú por 7.000 millones de dólares en 2014, uno de los mayores proyectos de cobre del mundo (Lv et al., 2024). China Molybdenum Co., Ltd. (CMOC), uno de los principales productores mundiales de molibdeno y cobalto, adquirió la mina de Tenke Fungurume en la República Democrática del Congo (RDC), una de las principales fuentes globales de cobalto (Schoonover, 2025). Para 2025, se estima que entidades chinas —a menudo respaldadas por bancos de desarrollo como China Eximbank— controlaban entre el 60% y el 70% de la producción de cobalto en la RDC, que por sí sola concentra entre el 70% y el 80% de la producción mundial (IEA, 2025; Global Witness, 2025). De las diez minas de cobalto más grandes del mundo, las empresas chinas poseen o tienen participación accionaria en al menos cinco. Este patrón —asegurar propiedad o participar en asociaciones estratégicas en regiones ricas en recursos— se ha replicado en el litio (en América Latina y África) y el níquel (especialmente en Indonesia). En muchos casos, las inversiones mineras chinas han ido de la mano con el desarrollo de infraestructura, como lo ejemplifica el acuerdo de Sicomines en la RDC en 2008, donde se intercambiaron carreteras y hospitales construidos por empresas chinas por el acceso a cobre y cobalto (Schoonover, 2025). A través de este tipo de acuerdos, China consolidó contratos de suministro a largo plazo que alimentan las refinerías dentro de su territorio.

Igualmente importante fue la creación de alineamientos industriales completos. Cuando China invertía en minería en el extranjero, expandía simultáneamente su capacidad de refinación doméstica y fomentaba la innovación tecnológica en el uso de esos minerales (*Global Witness, 2025*; *IEA, 2025*). Un ejemplo revelador es la cadena de suministro de baterías de ion-litio: las empresas chinas no solo extraen o adquieren litio y cobalto, sino que también refinan esos minerales, producen componentes de baterías y fabrican baterías terminadas, muchas integradas en vehículos eléctricos de marca china o exportadas (*IEA, 2025*). El proyecto de CATL en Indonesia es ilustrativo. En 2022, CATL lideró una inversión integrada de $6 mil millones en Indonesia, abarcando minería y procesamiento de níquel, fabricación de baterías y reciclaje, en asociación con empresas estatales indonesias (*Reuters, 2025*). Esta inversión verticalmente integrada, liderada por CATL con socios indonesios, garantiza que el níquel indonesio se canalice directamente hacia la producción de baterías, en lugar de venderse en el mercado abierto (*Reuters, 2025*). Al alinear minería, refinación y manufactura, China ha creado cadenas de suministro autosuficientes que son difíciles de penetrar para sus competidores (*Global Witness, 2025*).

Hoy, la ejecución de la estrategia de minerales de China es visible en métricas concretas. Produce el 75% de las baterías de ion-litio del mundo y más de la mitad de los vehículos eléctricos globales, gracias en gran parte a su control sobre los insumos (*IEA, 2025*). También lidera en la producción de turbinas eólicas y paneles solares, industrias altamente dependientes de minerales críticos como tierras raras (para imanes) y polisilicio (*Schäpe, 2024*). Empresas chinas como CATL y BYD se han convertido en marcas globales, pero se apoyan en una pirámide de la cadena de suministro cuya base está asegurada por conglomerados mineros y refinerías chinas. La sinergia entre la política estatal y la acción corporativa —donde el gobierno establece objetivos a largo plazo y proporciona apoyo, y las empresas expanden agresivamente su capacidad y conocimiento tecnológico— está en el corazón del éxito mineral de China (*Weihuan, 2024*).

Este dominio no ha pasado desapercibido globalmente. Para 2024, las naciones occidentales expresaron creciente preocupación por el hecho de que las 'décadas de apoyo estratégico del gobierno' han dado a China una ventaja incómoda sobre materiales indispensables no solo para la transición energética, sino también para tecnologías avanzadas emergentes (*Schäpe, 2024; Lv et al., 2024*). China no ha dudado en usar esta ventaja: ha impuesto restricciones de exportación en minerales como tierras raras (notoriamente durante una disputa con Japón en 2010) y, más recientemente, en grafito, galio y germanio en medio de crecientes tensiones tecnológicas (*Weihuan, 2024*). Estas acciones subrayan que el control de la cadena de suministro de China puede traducirse en influencia geopolítica. Pero detrás de esa influencia está la notable ejecución de un plan a largo plazo, llevado a cabo durante décadas, para prever la importancia de los minerales y convertirse en la nación indispensable en su suministro (*Weihuan, 2024*).

Hacia una minería más limpia: el enfoque ESG en evolución de China

El rápido ascenso de China en la minería y el procesamiento de minerales no ha estado exento de impactos ambientales y sociales. En sus primeras fases, la minería doméstica de tierras raras y otros minerales operó bajo poca supervisión regulatoria, lo que llevó a desafíos ambientales bien documentados, incluyendo problemas de agua, residuos industriales y transformaciones visibles de los ecosistemas locales en regiones como Baotou y Jiangxi (*Global Witness, 2025*). Estos impactos, junto con preocupaciones sobre las condiciones laborales y el bienestar comunitario, empujaron gradualmente a China a abordar las dimensiones de sostenibilidad de su sector minero. En los últimos años, Beijing ha señalado un cambio notable hacia un modelo minero más limpio y compatible con ESG, al menos a nivel de políticas (*Global Witness, 2025*). Este cambio se alinea con los objetivos más amplios de 'Carbono Dual' de China (alcanzar el pico de emisiones y lograr la neutralidad de carbono) y con su ambición de presentarse como un actor global responsable en los esfuerzos por el clima y la biodiversidad. Las autoridades chinas ahora enfatizan el 'desarrollo verde' de la minería y la construcción de lo que llaman una 'civilización ecológica' (*China Daily, 2024*).

En el plano doméstico, China ha reforzado considerablemente la regulación ambiental sobre la minería en la última década. El gobierno exige ahora rigurosas Evaluaciones de Impacto Ambiental (EIA) para nuevos proyectos mineros, junto con requisitos conocidos como las 'tres simultaneidades', lo que significa que las instalaciones de protección ambiental deben diseñarse, construirse y operarse al mismo tiempo que las minas (ICLG, 2024). Los operadores mineros están obligados a restaurar los ecosistemas tras el cierre y son monitoreados mediante indicadores como la gestión de residuos y la rehabilitación de tierras (ICLG, 2024). Una iniciativa emblemática ha sido la promoción nacional de las 'Minas Verdes'. Bajo un marco normativo actualizado en 2024, China amplió este programa, que inicialmente era un piloto en sitios seleccionados, para abarcar todas las minas del país (*China Daily*, *2024*). Las autoridades establecieron metas concretas: para 2028, el 90% de las minas a gran escala y el 80% de las de tamaño mediano deberán cumplir con los estándares de minería verde (*China Daily*, *2024*). Estos estándares incluyen mantener la perturbación ecológica dentro de 'límites manejables', reducir emisiones y consumo de agua, y mejorar la rehabilitación de los sitios mineros. En 2024, más de 1,000 minas verdes de nivel nacional habían sido certificadas, junto con miles más a nivel provincial (*China Daily*, *2024*). Este impulso sugiere que China busca modernizar su sector minero doméstico mediante una combinación de incentivos, como beneficios fiscales para tecnologías de bajo impacto, y controles de cumplimiento (ICLG, 2024). Habla de un intento por conciliar el desarrollo extractivo con una narrativa verde, en un mundo donde la sostenibilidad también se ha vuelto una herramienta de poder blando (Global Witness, 2025).

En paralelo a las medidas ambientales, China ha comenzado a abordar los aspectos sociales y de gobernanza —la "S" y la "G" del enfoque ESG— dentro del sector minero. Uno de los pasos más relevantes fue la consolidación de la industria de tierras raras —anteriormente marcada por la minería ilegal y el contrabando— en un pequeño grupo de conglomerados estatales, con el objetivo de aplicar estándares uniformes y eliminar a los operadores informales. Los reguladores chinos también han lanzado campañas contra la corrupción y las infracciones en materia de seguridad dentro de las empresas mineras. En 2023, por ejemplo, una serie de inspecciones derivó en sanciones disciplinarias contra casi 150 funcionarios de grandes compañías mineras estatales por incumplimientos ambientales y de seguridad. Este proceso de "ordenamiento interno" sugiere que Beijing está tomando con seriedad el fortalecimiento de la gobernanza minera en el ámbito doméstico.

Sin embargo, el desafío más complejo es garantizar que las empresas chinas apliquen prácticas ESG sólidas en sus operaciones mineras en el extranjero. Las compañías mineras chinas están presentes hoy en decenas de países —algunos con marcos regulatorios débiles— lo que ha generado preocupaciones sobre daños ambientales y violaciones laborales fuera del territorio chino (Global Witness, 2025). Beijing ha emitido directrices para una minería responsable en el exterior, especialmente las guías publicadas en 2021 y 2022 por el Ministerio de Ecología y Medio Ambiente en conjunto con el Ministerio de Comercio (Global Witness, 2025). Estas directrices exhortan a las empresas chinas a realizar una debida diligencia ambiental antes de invertir, cumplir con las normas locales e internacionales, y comprometerse con las comunidades locales. La guía de 2022 incluso destaca temas específicos como el control de contaminantes, la gestión de relaves y la protección de la biodiversidad (Global Witness, 2025). Observadores internacionales han recibido estas iniciativas como señales positivas. Además, organizaciones del propio sector, como la Cámara China de Comercio de Metales y Minerales (*China Chamber of Commerce of Metals, Minerals & Chemicals Importers & Exporters*, CCCMC), han publicado estándares voluntarios alineados con la debida diligencia de la OCDE para las cadenas de suministro, incentivando a las empresas a identificar y mitigar riesgos como las violaciones a los derechos humanos en sus operaciones (Global Witness, 2025).

No obstante, en última instancia, la responsabilidad de regular los aspectos ambientales y sociales de la minería recae en los propios países anfitriones. Si bien las directrices voluntarias de China ofrecen un marco de referencia para sus empresas en el extranjero, son los gobiernos locales quienes tienen la autoridad —y el deber— de establecer los estándares, fiscalizar su cumplimiento y asegurar que la actividad minera se traduzca en desarrollo sostenible. En ese sentido, la solidez de la gobernanza nacional es tan importante como la conducta de los inversores extranjeros.

Sin embargo, sería un error afirmar que nada ha cambiado. Las empresas chinas son cada vez más conscientes de que, para obtener contratos y asegurar recursos en el extranjero, deben responder a las expectativas ESG (Global Witness, 2025). Algunas compañías, como Zijin Mining, ya publican informes de sostenibilidad y declaran su adhesión a estándares internacionales (Global Witness, 2025). China también se unió al Panel de la ONU sobre Minerales Críticos Compatibles con el Clima y ha expresado retóricamente su apoyo a los esfuerzos por una "transición energética justa" (Weihuan, 2024). Además, algunos proyectos liderados por empresas chinas han comenzado a incorporar tecnologías más limpias. Por ejemplo, en Bolivia, las dos plantas de extracción de litio que están siendo construidas por un consorcio chino (que incluye a CATL) utilizarán tecnología de extracción directa de litio (*Direct Lithium Extraction*, DLE), que puede reducir significativamente el impacto en el uso de agua y suelo en comparación con las tradicionales piscinas de evaporación (Ramos & Solomon, 2024). La adopción de este tipo de técnicas más limpias e innovadoras podría convertirse en parte de la identidad de China en el ámbito minero —especialmente ahora que los países anfitriones exigen cada vez más valor agregado y menores impactos ambientales.

La estrategia minera de China, inicialmente enfocada en alcanzar escala de producción y posicionamiento industrial, parece estar evolucionando hacia un modelo más consciente de la sostenibilidad —una progresión natural en la medida en que se consolidan su liderazgo y cambian las expectativas globales. A nivel doméstico, la implementación de estándares de minería verde hacia 2028 responde a un marco político definido que probablemente será observado con atención por otros países productores. En el plano internacional, la incorporación progresiva de lineamientos ESG y el acercamiento gradual a estándares globales de sostenibilidad sugieren un esfuerzo incipiente por integrar consideraciones reputacionales y ambientales dentro de una estrategia de recursos más amplia —especialmente frente al aumento del escrutinio y la demanda por prácticas responsables.

Esta evolución responde tanto a factores internos como externos. Internamente, China enfrenta el legado de desafíos ambientales acumulados y busca modernizar su industria minera. Externamente, reconoce que para mantener su influencia y credibilidad en los mercados minerales globales, debe adaptarse a expectativas crecientes de parte de países anfitriones, socios y competidores. En este sentido, la sostenibilidad ya no es una dimensión separada de la estrategia: se está convirtiendo en una capa adicional dentro del enfoque de largo plazo de China para asegurar recursos y proyectar su posicionamiento global.

Presencia global estratégica: inversiones en África, América Latina y Asia Central.

La búsqueda de minerales críticos por parte de China se ha desplegado con un alcance verdaderamente global. Ningún otro país ha perseguido la seguridad de suministro con una presencia geográfica tan amplia —especialmente en el mundo en desarrollo. Desde las zonas cupríferas de África hasta los salares de América del Sur y las estepas minerales de Asia Central, las empresas chinas —a menudo guiadas por la estrategia estatal— han invertido significativamente en proyectos mineros, infraestructura y asociaciones de largo plazo. Estas inversiones no han sido decisiones aisladas, sino parte de una estrategia deliberada para diversificar las fuentes de abastecimiento y ampliar su influencia en regiones ricas en recursos. A través de este enfoque, China se ha posicionado de manera constante como un actor central en el futuro de los flujos globales de recursos —no solo como comprador de materias primas, sino como articulador de cadenas de valor integradas.

África

África se ha convertido en un pilar central de la estrategia de minerales críticos de China. El continente alberga algunos de los depósitos más ricos del mundo, y las empresas chinas se movieron temprano para asegurar activos mineros, especialmente en la República Democrática del Congo (RDC), a menudo referida como la 'Arabia Saudita del cobalto' (Global Witness, 2025). A medida que el cobalto se volvió esencial para las baterías de ion-litio, China se posicionó para dominar la cadena de valor del cobalto en la RDC. El acuerdo Sicomines de 2008 marcó un punto de inflexión: las empresas estatales chinas obtuvieron acceso a vastas reservas de cobre y cobalto a cambio de construir $3 mil millones en carreteras, ferrocarriles y hospitales en la RDC (*Schoonover, 2025*). Durante la siguiente década, empresas como China Molybdenum (CMOC) y Zhejiang Huayou Cobalt expandieron su presencia, adquiriendo o desarrollando múltiples activos mineros. Para mediados de la década de 2020, las entidades chinas controlaban un estimado del 60–70% de la producción de cobalto de la RDC (*IEA, 2025; Global Witness, 2025*). Nueve de las diez mayores minas de cobalto del mundo están ubicadas en el sur de la RDC, y las empresas chinas tienen participaciones en al menos cinco de ellas (*Global Witness, 2025*). Este grado de involucramiento significa que una parte significativa del cobalto usado en baterías de vehículos eléctricos globalmente es extraído por joint ventures sino-congoleses, procesado por empresas chinas y, en muchos casos, enviado a China para su refinación final (*IEA, 2025*). Más allá del cobalto, las inversiones chinas han convertido a la RDC en uno de sus proveedores de cobre más importantes. Hoy, el país representa más de la mitad del concentrado de cobre importado por China, con empresas chinas operando varias de las mayores minas de cobre de la RDC (*IEA, 2025*).

La estrategia de recursos de China en África se extiende más allá de la RDC. En Zambia, empresas chinas poseen grandes minas de cobre (como la mina Chambishi, operada por NFC Africa, filial de China Nonferrous Metal Mining Group [CNMC], y la mina

Luanshya, también propiedad de CNMC), integrándolas con fundiciones de cobre. En Zimbabue, los inversionistas chinos han adquirido depósitos de litio recientemente descubiertos –por ejemplo, la compra en 2022 de Zhejiang Huayou del proyecto Arcadia de litio, uno de los recursos de litio más prometedores de África. El capital chino también es prominente en la bauxita de Guinea (para aluminio) y el manganeso de Sudáfrica (para acero y baterías), entre otros minerales. Para 2023, la inversión minera china en África había alcanzado casi 10 mil millones de dólares anuales, superando a la de cualquier otra nación (Schoonover, 2025). A menudo, estas inversiones vienen acompañadas de infraestructura bajo la Iniciativa de la Franja y la Ruta (*Belt and Road Initiative*, BRI). Puertos, ferrocarriles y plantas de energía construidos por empresas chinas en África frecuentemente sirven a proyectos mineros, creando una red integrada que beneficia las necesidades comerciales e industriales de China. La lógica estratégica es clara: desarrollar la infraestructura para desbloquear depósitos minerales, asegurar el suministro para compradores chinos y consolidar lazos bilaterales a largo plazo. Los gobiernos africanos, por su parte, a menudo han acogido esto debido a los beneficios de desarrollo inmediatos, aunque no sin un creciente escrutinio sobre los términos y la soberanía.

América Latina

En América Latina, el interés estratégico de China se ha concentrado principalmente en el llamado "Triángulo del Litio" (Bolivia, Argentina y Chile), así como en grandes productores de cobre como Perú. Estas regiones se han convertido en pilares fundamentales para la fabricación de baterías y la electrificación global. Las empresas chinas han buscado activamente activos de litio en Argentina: por ejemplo, Ganfeng Lithium y Zijin Mining han adquirido participaciones en proyectos de salmuera, contribuyendo al ascenso de Argentina como exportador clave de litio (Global Witness, 2025; IEA, 2025). Un hito relevante se produjo a fines de 2024, cuando Bolivia firmó un acuerdo con un consorcio liderado por CATL para invertir 1.000 millones de dólares en la construcción de dos plantas de extracción de litio en el salar de Uyuni, con una capacidad proyectada de 35.000 toneladas anuales de carbonato de litio (Ramos & Solomon, 2024). El Estado boliviano conserva una participación mayoritaria, pero la tecnología y el financiamiento provienen principalmente de China, lo que refleja cómo la apuesta temprana de China por el litio ha abierto puertas incluso en países históricamente reticentes a la inversión extranjera en minería. En Chile, las empresas chinas adoptaron una estrategia distinta: en lugar de desarrollar proyectos desde cero, ingresaron a través de inversiones en actores ya consolidados. Un caso destacado fue la adquisición, en 2018, del 24% de SQM —una de las principales productoras de litio del mundo— por parte de Tianqi Lithium (IEA, 2025). Si bien Chile ha avanzado en políticas para aumentar el control estatal sobre el sector, las compañías chinas y chilenas siguen colaborando bajo marcos regulatorios actualizados, y China continúa siendo un destino clave para el litio chileno (Global Witness, 2025).

El cobre, indispensable para la electrificación, también ha atraído inversiones chinas en América Latina. Perú, el segundo mayor productor de cobre del mundo, experimentó una ola de adquisiciones chinas: la mina Toromocho fue desarrollada por Chinalco, y como se mencionó, MMG Limited (*Minerals and Metals Group*, respaldada por China Minmetals) adquirió la mina Las Bambas (*AidData, 2025*). Estas minas envían concentrado de cobre a las fundiciones de China, alimentando las fábricas de cables, electrónica y maquinaria del país (*Global Witness, 2025*). En Ecuador, un consorcio chino construyó la mina de cobre Mirador (la primera mina de cobre a gran escala del país) (*AidData, 2025*). La tendencia es clara: el capital chino está financiando la expansión de la frontera minera de América Latina, a menudo superando a los competidores occidentales. Solo en 2023, las empresas chinas invirtieron un estimado de 16 mil millones de dólares en proyectos mineros en el extranjero (muchos en América Latina y África) (Schoonover, 2025), y en 2024 la cifra volvió a aumentar, superando los 22 mil millones (The Rio Times, 2025). Esta trayectoria ascendente refleja cómo la expansión internacional de China en minería se ha acelerado desde apenas unos pocos miles de millones una década atrás. Los bancos de política de Pekín (como el China Development Bank), que son instituciones financieras estatales que otorgan préstamos a bajo interés para apoyar las prioridades estratégicas del gobierno, como infraestructura, comercio y adquisición de recursos, facilitan estos acuerdos con préstamos de bajo interés, dando a los ofertantes chinos una ventaja en la obtención de contratos (AidData, 2025).

Asia Central

Pasando a Asia Central, el enfoque de China se entrelaza con su diplomacia regional más amplia. Asia Central, rica en minerales desde cobre hasta uranio, se encuentra en los corredores de la Iniciativa de la Franja y la Ruta que conectan China con Europa (AidData, 2025). Las empresas chinas han establecido una fuerte presencia en países como Kazajistán, Kirguistán y Tayikistán. En Kazajistán, que cuenta con abundantes reservas de cobre, plomo, zinc y más, China ha invertido en capacidad de extracción y procesamiento (*AidData, 2025*). Un acuerdo histórico en 2024 puso en marcha la construcción de una fundición de cobre de última generación en Kazajistán, con asistencia técnica y financiación china (*AidData, 2025*). Esta instalación, destinada a ser una de las más avanzadas de Asia Central, cumplirá con estándares ambientales internacionales (Global Witness, 2025). Además, las empresas chinas están involucradas en el desarrollo de las considerables minas de uranio de Kazajistán (para combustible nuclear) y han construido plantas de aleaciones y materiales para baterías allí (AidData, 2025). En Tayikistán, una joint venture chino-tayika llamada TALCO Gold está desarrollando depósitos de oro y antimonio, con el objetivo de convertir al país en uno de los cinco principales productores mundiales de antimonio (Mining Technology, 2018; Reuters, 2019). Este proyecto producirá antimonio, un mineral crítico para semiconductores y baterías, para exportar a las industrias de China (IEA, 2025). En toda Asia Central, las inversiones chinas suelen presentarse como paquetes: acuerdos mineros combinados con contratos de petróleo y gas, préstamos para infraestructura y entendimientos políticos (AidData, 2025). El resultado simbiótico es que las repúblicas centroasiáticas obtienen la inversión y la infraestructura de tránsito necesarias, mientras que China refuerza su seguridad de recursos e influencia geopolítica en una región históricamente bajo la influencia rusa (Global Witness, 2025).

Más allá de la extracción: la estrategia minera global de China

Al observar estos distintos territorios, emerge con claridad un patrón común. Las inversiones de China no son transacciones aisladas, sino parte de un diseño más amplio: construir cadenas de valor integradas que vinculen a los países ricos en minerales con los ecosistemas industriales chinos. En muchos casos, las materias primas efectivamente se envían a China para su refinación —reforzando su posición dominante en las etapas intermedias de la cadena. Pero en otros, China ha contribuido a desarrollar capacidad de procesamiento local, como en el sector cuprífero de Kazajistán o los proyectos de níquel y baterías en Indonesia.

Esto genera una forma de interdependencia: los países anfitriones suelen beneficiarse de infraestructura y empleo, mientras que China asegura un suministro estable —a veces mediante la copropiedad de instalaciones. También es evidente que el enfoque chino ha evolucionado. En Indonesia, por ejemplo, cuando el gobierno prohibió la exportación de mineral de níquel para fomentar el valor agregado local, las empresas chinas se adaptaron rápidamente e invirtieron en infraestructura de fundición nacional. En África y América Latina, donde el nacionalismo de los recursos ha cobrado fuerza, China ha mostrado flexibilidad: desde renegociaciones en la RDC hasta asociaciones con empresas estatales como CODELCO en Chile o YPF en Argentina. Más que un modelo rígido de extracción, lo que observamos es una estrategia dinámica de posicionamiento de largo plazo —una que frecuentemente asume ricsgos políticos o financieros donde otros actores se retraen.

Estos esfuerzos no se explican solo por intereses corporativos, sino también por el respaldo estatal, a través de la diplomacia y el financiamiento. El resultado es lo que podríamos describir como un universo de suministro paralelo: un sistema en el que actores afiliados a China están presentes en todos los eslabones —desde la extracción hasta la manufactura. Esto ha generado reacciones: desde nuevas alianzas minerales en Occidente hasta llamados al "friendshoring" y la diversificación de proveedores. Sin embargo, hacia mediados de los años 2020, la ventaja temprana y estratégica de China sigue siendo significativa. Para los países en desarrollo, esta relación ha representado tanto una oportunidad como una tensión. La inversión china ha traído infraestructura y capital donde otros no llegaron, pero también ha generado preguntas sobre dependencia y condiciones a largo plazo. Países como Zimbabue, Bolivia o Chile agradecen la inversión, pero también avanzan hacia esquemas que aseguren que su participación en la economía minera global no se limite a la mera exportación de materias primas. Estas dinámicas seguirán transformándose. Pero desde nuestra perspectiva, el despliegue estratégico y adaptativo de China ha redefinido —en buena medida— la geografía, las reglas y el ritmo de la minería global.

Reflexiones estratégicas: lecciones del caso chino

El ascenso de China en el ámbito de los minerales críticos constituye un caso de estudio matizado sobre estrategia de recursos a largo plazo. Aunque no todos los elementos de su enfoque son replicables, su trayectoria ofrece aprendizajes relevantes para aquellos países que buscan fortalecer su posición en la economía minera global.

La Minería ha Muerto. Larga Vida a la Minería Geopolítica

Pensar en décadas, no en años

El reconocimiento temprano por parte de China sobre la importancia estratégica de los minerales no fue producto de la improvisación, sino el resultado de una visión de largo plazo. Ya en la década de 1990, mientras muchos países seguían tratando la minería como un asunto estrictamente extractivo o comercial, Beijing comenzaba a integrar los minerales críticos en su agenda nacional de desarrollo. Lo que destaca no es solo la anticipación, sino la paciencia: políticas diseñadas en una década estaban pensadas para madurar en la siguiente. No se esperaba un retorno inmediato. China apostó por la construcción de capacidades, la alineación industrial y el posicionamiento global a lo largo de varias décadas.

Esa mirada de largo plazo permitió a China consolidar conocimiento, infraestructura y coordinación institucional mucho antes de que la demanda global se disparara. Mientras otras naciones debatían sobre los riesgos de suministro en los años 2020, China comenzaba a cosechar los frutos de una estrategia trazada treinta años atrás. Es esa paciencia estratégica —la capacidad de pensar en décadas y no en ciclos políticos o métricas trimestrales— la que define buena parte del ascenso chino en la economía mineral.

Integrar los minerales en una estrategia industrial más amplia

Desde el inicio, China nunca trató la minería como una actividad aislada. Fue concebida como una pieza dentro de un rompecabezas mayor: un sistema donde la extracción de recursos, el desarrollo industrial y el liderazgo tecnológico debían evolucionar en conjunto. Los minerales no eran simplemente materias primas; eran habilitadores estratégicos de objetivos nacionales más amplios. El litio, el cobalto y las tierras raras no adquirieron relevancia por su escasez geológica, sino porque eran esenciales para las industrias que China aspiraba a liderar: vehículos eléctricos, energías renovables, electrónica de alto rendimiento.

Esa lógica sistémica es lo que marcó la diferencia. La política de recursos no se diseñó por separado ni como un área desconectada del resto, sino que se integró a la planificación industrial, la estrategia energética y las ambiciones tecnológicas. A medida que surgían nuevos sectores, los minerales los acompañaban —no como insumos pasivos, sino como piezas estructurales del poder industrial. Esta fusión entre minería y manufactura permitió a China diseñar ecosistemas integrados, donde la seguridad de suministro y la creación de valor podían gestionarse al mismo tiempo. No se trataba de extraer para exportar, sino de extraer para transformar.

Invertir en toda la cadena de valor, especialmente en el procesamiento

Uno de los movimientos estratégicos más significativos de China fue enfocarse en el eslabón intermedio de la cadena: las etapas menos visibles pero fundamentales del procesamiento y la refinación de minerales. Mientras muchos países competían por extraer recursos o debatían sobre la propiedad de los yacimientos, China invertía en la capacidad para transformar esas materias primas en insumos clave para industrias tecnológicas. Incluso cuando no contaba con grandes reservas propias, desarrolló la infraestructura y el conocimiento necesarios para procesar lo que otros extraían.

Este dominio del segmento intermedio se convirtió en un punto de apalancamiento. Al controlar la refinación, China se posicionó como un actor indispensable en las cadenas de suministro globales —no solo como comprador de minerales, sino como la puerta de entrada hacia su valorización industrial. Litio de Sudamérica, cobalto de la RDC, níquel del sudeste asiático: gran parte termina en instalaciones chinas, donde se convierte en químicos para baterías, aleaciones y materiales magnéticos. En muchos casos, no es el origen del recurso lo que define el poder de mercado, sino quién controla su transformación. China lo entendió antes que otros, y actuó en consecuencia.

El respaldo estatal y la coordinación público-privada son fundamentales

La estrategia mineral de China no descansó únicamente en la acción del Estado. Lo que realmente llama la atención es cómo las instituciones públicas y las empresas privadas avanzaron en sintonía —una coreografía en la que bancos estatales, organismos reguladores, institutos de investigación y corporaciones se alinearon en torno a objetivos comunes. El Estado ofrecía dirección, financiamiento y protección; las empresas aportaban ejecución, innovación y escala. Esta alineación no eliminó tensiones internas ni garantizó eficiencia absoluta, pero generó un horizonte compartido, donde los objetivos nacionales de largo plazo moldeaban el comportamiento del mercado.

En lugar de optar entre el control estatal o la espontaneidad del libre mercado, China eligió una vía más pragmática: un ecosistema industrial guiado. Empresas emblemáticas como CATL y BYD no surgieron solo del empuje emprendedor, sino también de políticas que mitigaron riesgos, fomentaron el desarrollo tecnológico y aseguraron acceso a recursos estratégicos. Este modelo de coordinación, con todas sus imperfecciones, permitió a China formar campeones industriales con alcance global —al tiempo que fortalecía su resiliencia estratégica en las cadenas de suministro de minerales.

Diversificar fuentes mediante una estrategia internacional activa

China no apostó todo a una sola carta. A medida que expandía su huella minera, construyó deliberadamente un portafolio diversificado —abasteciéndose de los mismos minerales desde distintas regiones, bajo condiciones políticas diversas y a través de múltiples tipos de asociación. Al cobalto de la República Democrática del Congo se sumaron acuerdos de litio en Argentina, inversiones en cobre en Asia Central y proyectos de níquel en Indonesia. Esta dispersión geográfica ayudó a reducir la exposición frente a la volatilidad política, los cambios regulatorios o las tensiones diplomáticas en un país determinado.

Pero esta estrategia no fue solo una forma de protegerse. También fue una herramienta de apalancamiento. Al operar en múltiples jurisdicciones, las empresas chinas ganaron capacidad de negociación, alternativas logísticas y margen de maniobra ante posibles crisis. En un mundo donde los flujos de minerales están cada vez más condicionados por la geopolítica, esta presencia distribuida se ha convertido en un activo estratégico. Para China, la diversificación no fue simplemente una gestión del riesgo: fue una manera de profundizar su influencia y anticiparse a la inestabilidad.

Utilizar la infraestructura y el financiamiento como herramientas de inserción estratégica

La estrategia mineral de China rara vez llega sola. En muchos casos, lo hizo acompañada de carreteras, puertos, infraestructura energética y financiamiento a largo plazo. No eran proyectos secundarios, sino parte de una ecuación más amplia. Las inversiones mineras estaban vinculadas a paquetes de desarrollo, negociados por canales bilaterales y, en muchos casos, ejecutados por empresas chinas con respaldo crediticio estatal. Para los países anfitriones, el valor era tangible: los proyectos extractivos venían con la infraestructura necesaria para operarlos —y, en ocasiones, con las bases para un crecimiento económico más amplio.

Este enfoque no era exclusivo de China, pero pocos actores lo desplegaron con semejante escala y consistencia. Permitió a las empresas chinas asegurar acceso en mercados donde otros dudaban, y ofrecer algo más que capital: una interfaz logística e industrial completa. Con el tiempo, esta estrategia profundizó la presencia china no solo bajo tierra, sino también sobre el territorio —en carreteras, redes eléctricas, puertos y relaciones políticas.

Integrar la innovación y la sostenibilidad en la evolución de las estrategias mineras.

La primera fase de expansión minera de China se caracterizó por la escala y la velocidad, muchas veces en detrimento de los resguardos ambientales y sociales. Las huellas de esos años iniciales están bien documentadas: fuentes de agua contaminadas, condiciones laborales precarias y daños ecológicos tanto en operaciones nacionales como en el extranjero. Sin embargo, con el tiempo —y bajo una presión creciente, tanto interna como externa— Beijing comenzó a recalibrar. Se introdujeron nuevos estándares, se lanzaron programas piloto y la reputación empezó a ser considerada dentro de la planificación estratégica.

Esta evolución sigue en marcha. Las iniciativas de "minería verde", el impulso a tecnologías de menor impacto y la creciente vinculación con marcos internacionales de sostenibilidad indican un cambio —no solo en el discurso, sino también en la práctica. Empresas como Zijin publican hoy reportes de sostenibilidad. Algunos proyectos de litio en el exterior están adoptando tecnologías de extracción directa para reducir el uso de agua. Aunque aún persisten brechas, la dirección es clara: la sostenibilidad ya no se trata como una preocupación secundaria. Está comenzando a formar parte de la identidad industrial de China —especialmente en contextos donde los países anfitriones exigen procesos más limpios, estándares más altos y beneficios locales más profundos. En este nuevo escenario, el desempeño ambiental no es un límite, sino una forma emergente de ventaja competitiva.

Anticipar cambios geopolíticos e invertir en resiliencia

El dominio mineral de China no pasó desapercibido. A medida que su presencia se expandía a lo largo de las cadenas de suministro, también crecieron las reacciones geopolíticas. Gobiernos occidentales impulsaron estrategias de "reducción de riesgos", implementaron controles a la exportación y buscaron diversificar sus fuentes de minerales. Pero China, anticipando estos movimientos, ya había comenzado a construir amortiguadores. Aumentó sus reservas estratégicas, estimuló la demanda interna para reforzar sus cadenas de valor domésticas y recalibró sus políticas de exportación —especialmente en minerales como galio, germanio y grafito— como instrumentos de política exterior.

Esto no se trata solo de controlar materiales. Se trata de definir los términos de la dependencia global. China comprendió que los minerales ya no son solo insumos industriales: son palancas estratégicas en una economía global cada vez más disputada. Y al prepararse con antelación, creó opciones: para retener, redirigir o negociar desde una posición de fuerza. En este escenario, la seguridad de recursos no se limita a lo que un país posee. También depende de lo que puede controlar, proteger y movilizar bajo presión.

Al estudiar el enfoque estratégico de China en torno a los minerales críticos, los responsables de política pública pueden comprender mejor cómo se entrelazan los recursos naturales y el poder nacional en el siglo XXI. Cada país enfrenta sus propias condiciones —institucionales, económicas y políticas— y no todos los elementos del modelo chino son replicables.

Sin embargo, las lecciones de fondo siguen siendo pertinentes: anticipar necesidades futuras, alinear sectores bajo una visión coherente y tratar los minerales como algo más que simples insumos son pasos clave para construir resiliencia y competitividad en un orden global cada vez más definido por los recursos.

Minerales, Poder y Visión: Una Estrategia que Deja Huella

La trayectoria de China en el ámbito de los minerales críticos refleja una convergencia poco común entre visión estratégica y ejecución sostenida. Desde su temprana anticipación en los años noventa hasta su posicionamiento global en la década de 2020, China no trató los minerales como bienes transaccionales de corto plazo, sino como piezas fundamentales de un mundo en transformación —y para eso, diseñó una estrategia.

Integró su política minera con objetivos industriales y tecnológicos, articuló acciones estatales y corporativas, y se expandió globalmente para construir una infraestructura de suministro sin precedentes. Con ello, China escribió, en buena medida, el primer capítulo de lo que hoy entendemos como minería geopolítica en el siglo XXI: un espacio donde convergen los recursos naturales y la estrategia de largo alcance.

Este capítulo ha buscado trazar esa evolución con una mirada objetiva, mostrando cómo una estrategia sostenida en el tiempo —alineada con metas industriales, tecnológicas y geopolíticas— puede moldear realidades que antes parecían inalcanzables. El caso chino revela hasta qué punto los minerales pueden ser más que insumos: pueden convertirse en instrumentos de posicionamiento global cuando se integran en una visión de largo plazo y se ejecutan con disciplina estructural.

Mientras la comunidad internacional se esfuerza hoy por construir cadenas de suministro más seguras y sostenibles, la experiencia china se presenta como punto de referencia. En esta nueva geopolítica de los minerales, el éxito no pertenecerá necesariamente a quienes hablen más fuerte, sino a quienes logren mayor alineación estratégica —a quienes puedan proyectarse en el tiempo, ejecutar con consistencia y responder tanto a los mercados como a las exigencias éticas.

La vieja minería, en efecto, se desvanece. Pero la nueva minería geopolítica —cuya forma China ha contribuido a definir— está muy viva. Y está transformando el mundo, un mineral a la vez. Pero, aunque el primer movimiento ya fue dado, la historia aún no está escrita: nuevas estrategias —distintas, pero igual de ambiciosas— están comenzando a tomar forma.

TRES

¿Y qué pasó con la minería en Occidente?

Al analizar cómo China logró anticiparse estratégicamente para dominar el mercado global de minerales críticos y convertir la minería en un eje geopolítico fundamental, surge inevitablemente una pregunta clave: ¿Qué pasó con Occidente? ¿En qué momento países con una tradición industrial y tecnológica tan potente como Estados Unidos, Canadá, Australia o la Unión Europea dejaron de liderar precisamente el sector que sostiene su visión estratégica del futuro: la transición energética, la tecnología avanzada, la defensa nacional y la innovación?

Responder esta pregunta implica observar ciertas vulnerabilidades estructurales que han frenado el potencial minero occidental. Burocracia regulatoria excesiva, incertidumbre financiera, conflictos sociales sin resolver y una pérdida generalizada del valor simbólico y estratégico de la minería han abierto un espacio difícil de llenar mediante mecanismos institucionales y formales. Mientras Occidente ralentizaba su respuesta minera, en otras regiones comenzaron a emerger fenómenos alternativos, destacando especialmente la expansión de la minería informal e ilegal como consecuencia indirecta de ese vacío estratégico.

Sin embargo, este diagnóstico no es irreversible. Canadá, Australia y Estados Unidos, por sus vastos recursos minerales, capacidades tecnológicas avanzadas y/o instituciones robustas, están en una posición única para liderar una recuperación estratégica del sector minero occidental. A ellos se suma la Unión Europea, que, aunque dispone de una base minera limitada, aporta fortaleza industrial, liderazgo regulatorio, capacidad de procesamiento especializado y un peso geoeconómico como gran consumidor y ensamblador de alto valor agregado. En conjunto, estos actores ofrecen modelos concretos y diversos sobre cómo enfrentar los desafíos estructurales identificados: desde la excelencia institucional y la eficiencia tecnológica, hasta la agilidad regulatoria y la creación de marcos de trazabilidad que elevan el estándar global.

Este capítulo, en primer lugar, analizará con claridad esas vulnerabilidades estructurales comunes que frenaron a Occidente, destacando cómo estas condiciones generaron oportunidades para la minería informal e ilegal. Luego pondrá el foco en estos tres países clave y en la Unión Europea, examinando cómo cada uno está intentando reactivar su minería estratégica desde su propia realidad. Este análisis nos permitirá identificar las condiciones que hacen posible una recuperación exitosa y sostenible, demostrando que Occidente aún posee no solo la oportunidad, sino todas las herramientas necesarias para reposicionarse eficazmente.

Desafíos estructurales en la minería occidental: cuando la fortaleza se convierte en límite

A continuación, examinaremos los principales cuellos de botella estructurales que han limitado la capacidad de acción minera en Occidente. No se trata de fallas aisladas, sino de un conjunto de condiciones profundas —institucionales, sociales, culturales y económicas— que, aunque bien intencionadas, hoy resultan desalineadas respecto a la velocidad y escala que exige el nuevo contexto geopolítico y tecnológico. El propósito de analizar estos desafíos uno a uno no es deslegitimarlos ni minimizarlos, sino comprender por qué un ecosistema minero que anteriormente lideraba el mundo hoy parece ir un paso atrás. Identificar claramente estas tensiones internas es el primer paso indispensable para transformarlas en ventajas estratégicas hacia el futuro.

1. Cuellos de botella burocráticos y regulatorios: equilibrando proceso con urgencia

Una barrera crítica para expandir la capacidad minera occidental es el complejo y fragmentado proceso de obtención de permisos, que retrasa significativamente el desarrollo de nuevas minas. Según un informe de S&P Global de 2024, en Estados Unidos el tiempo promedio desde el descubrimiento hasta la producción de una mina es de 29 años, el segundo más largo del mundo, solo superado por Zambia (S&P Global & NMA, 2024). Esto representa un fuerte incremento respecto al promedio de tan solo 6 años observado en las minas que iniciaron operaciones entre 1990 y 1999, evidenciando cómo fases más extensas de exploración, obtención de permisos y financiamiento han llevado a un promedio actual de 17,8 años para las minas que comenzaron producción entre 2020 y 2024 (S&P Global, 2024).

Canadá se encuentra ligeramente mejor, con un promedio de 27 años, siendo la fase de permisos frecuentemente identificada como un factor clave de retraso (S&P Global & NMA, 2024). En contraste, algunos países en desarrollo ricos en recursos logran desarrollar minas en plazos de entre 10 y 15 años, mientras que Australia —un país occidental con estrictos estándares ambientales— promedia alrededor de 20 años (S&P Global, 2024).

Los rigurosos estudios de impacto ambiental (EIA) y las consultas comunitarias, comúnmente englobadas en el concepto de "licencia social para operar", son procesos necesarios y bien intencionados que permiten reducir daños ambientales locales y garantizar la participación ciudadana. Sin embargo, estos mecanismos, diseñados en una época menos urgente, hoy necesitan ser significativamente más ágiles y eficientes, para alinearse con la necesidad apremiante de asegurar rápidamente las cadenas de suministro de minerales críticos esenciales para la transición energética.

Adicionalmente, los procesos regulatorios occidentales suelen involucrar múltiples agencias en niveles federal, estatal/provincial y local, sin una autoridad centralizada que coordine las decisiones. En EE.UU., por ejemplo, las empresas deben navegar por una compleja red de agencias para obtener acceso a la tierra, autorizaciones ambientales y permisos hídricos, lo que contribuye significativamente a los retrasos (S&P Global & NMA, 2024). Un caso emblemático es el proyecto de la mina Resolution Copper en Arizona, una iniciativa minera de gran importancia que lleva más de una década paralizada debido a desafíos regulatorios y litigios judiciales. El informe de S&P Global también destaca que solo tres grandes minas iniciaron producción en EE.UU. durante las últimas dos décadas, mientras numerosos proyectos permanecen en un persistente limbo regulatorio (S&P Global & NMA, 2024).

Europa enfrenta desafíos similares, lo que llevó a la Unión Europea a adoptar la Ley de Materias Primas Críticas (CRMA) en 2024, estableciendo plazos máximos para permisos de 27 meses para proyectos mineros estratégicos y de 15 meses para instalaciones de procesamiento, buscando reducir estos cuellos de botella regulatorios (European Commission, 2024). Los tiempos prolongados de aprobación —con frecuencia superiores a una década— no logran responder a la creciente demanda global de minerales como el litio y el cobalto, cuyo consumo mundial creció respectivamente en un 30% y entre 8% y 15% en 2023 (S&P Global, 2024).

Los gobiernos occidentales están comenzando a reaccionar ante esta realidad. A partir de 2023, EE.UU. aceleró ciertos proyectos estratégicos de minerales críticos mediante determinaciones presidenciales especiales, aunque aún se requiere una reforma sistémica mucho más amplia. Entre las soluciones potenciales se encuentran la creación de oficinas centralizadas para "proyectos estratégicos", similares a las existentes en Canadá y Australia, la simplificación de los EIAs para mantener altos estándares ambientales con plazos más breves, y una coordinación interagencial más efectiva. Sin estas reformas estructurales, Occidente corre el riesgo no solo de enfrentar más retrasos, sino también de una creciente marginalización estratégica en la carrera global por minerales críticos, mientras competidores con procesos más ágiles aseguran rápidamente sus cadenas de suministro.

Al profundizar en las causas detrás de estas demoras crónicas en la obtención de permisos, resulta crucial preguntarnos si el problema reside únicamente en la complejidad burocrática o si tiene raíces más profundas en la narrativa misma con la que Occidente aborda hoy a la minería. ¿Es posible que detrás de los múltiples niveles de aprobación —a menudo reiterativos y redundantes— exista una lógica que responda más a factores ideológicos, simbólicos o políticos que a criterios estrictamente técnicos y ambientales? Dicho de otra manera, ¿será que la burocracia occidental ha comenzado a priorizar la forma sobre el fondo, imponiendo una cautela excesiva que privilegia la validación simbólica por sobre la eficacia operativa o estratégica de sus decisiones?

En efecto, el hecho de que un proyecto minero ya aprobado deba someterse reiteradamente a validaciones similares podría estar indicando una pérdida gradual de confianza institucional. Esta dinámica sugiere que las autoridades, en lugar de confiar en sus propios mecanismos técnicos, recurren a la repetición constante de controles más como una estrategia de reafirmación simbólica frente a una opinión pública escéptica, que como una necesidad real de evaluación técnica adicional. Bajo esta perspectiva, lo que emerge no es únicamente una simple ineficiencia administrativa, sino más bien una inseguridad institucional profunda, reflejo de la percepción cada vez más ambivalente —e incluso desconfiada— que tiene la sociedad occidental acerca del rol estratégico de la minería en su desarrollo futuro.

Esta inseguridad institucional se traduce en procesos administrativos cada vez más largos y complicados, no porque realmente sean necesarios para proteger el medioambiente o a las comunidades locales —objetivos absolutamente esenciales—, sino porque las instituciones buscan, consciente o inconscientemente, demostrar ante la sociedad que ejercen un control exhaustivo sobre una industria que hoy está bajo constante escrutinio público. En otras palabras, se crean mecanismos regulatorios excesivos y superpuestos no porque se considere necesario técnicamente, sino porque existe una percepción generalizada de que mientras más controles y validaciones existan, más legítimo será el proceso ante los ojos de la sociedad. Esta búsqueda simbólica de validación se convierte en una dinámica circular, donde cada nuevo requisito regulatorio alimenta aún más la percepción de que los anteriores no eran suficientes, generando una espiral burocrática interminable.

Occidente podría encontrarse, entonces, atrapado en una paradoja: por temor a perder legitimidad frente a la comunidad y frente a una opinión pública cada vez más crítica, construye sistemas regulatorios tan redundantes, cautelosos y exhaustivos que terminan erosionando no solo la eficiencia y efectividad, sino también —y paradójicamente— la misma legitimidad que pretendían fortalecer.

Examinar con honestidad y valentía esta dinámica institucional y cultural podría ser esencial para que Occidente logre reconectar su actividad minera con los objetivos estratégicos más urgentes de nuestra época: la seguridad energética, la transición hacia economías sostenibles, y la innovación tecnológica avanzada. La verdadera legitimidad social no proviene de acumular controles repetitivos o simbólicos, sino de procesos transparentes, bien fundamentados técnicamente, efectivamente gestionados en plazos razonables, y claramente alineados con objetivos estratégicos y metas colectivas compartidas por toda la sociedad. En definitiva, Occidente necesita repensar profundamente su narrativa minera y su relación con la opinión pública, no abandonando la cautela ni la responsabilidad ambiental y social, sino integrándolas en un modelo regulatorio más ágil, confiable y alineado con el propósito estratégico que requiere este momento histórico.

2. Incertidumbre financiera y dudas en la inversión: el capital odia lo desconocido

El segundo factor estructural que limita el potencial minero occidental es de naturaleza financiera: un patrón persistente de subinversión y fuga de capital desde proyectos mineros occidentales, impulsado fundamentalmente por la incertidumbre y la percepción generalizada de riesgo. Se suele decir que el capital no rechaza inherentemente los proyectos "verdes"; lo que realmente evita es la incertidumbre. Aunque los elevados estándares ESG (Ambiental, Social y de Gobernanza) de Occidente suelen señalarse como barreras para atraer inversión, no son los objetivos de sostenibilidad en sí los que disuaden a los inversionistas, sino más bien el camino largo, incierto e impredecible para alcanzarlos. En la práctica, los proyectos mineros occidentales enfrentan cronogramas prolongados, frecuentes litigios judiciales y una constante inseguridad frente a posibles cambios regulatorios repentinos o mandatos judiciales originados desde comunidades locales. Esta falta de claridad y estabilidad temporal genera extrema cautela entre los inversionistas.

Según datos recientes de S&P Global (2024), los proyectos mineros en Estados Unidos presentan tiempos de desarrollo considerablemente más extensos que jurisdicciones comparables como Canadá y Australia, pese a que EE.UU. cuenta con una base significativamente más amplia de recursos minerales conocidos (S&P Global & NMA, 2024). Por esta razón, el capital destinado a la exploración y a la inversión minera tiende a desplazarse hacia regiones que ofrecen una mayor certidumbre respecto a la conversión eficiente de descubrimientos minerales en minas productivas dentro de plazos razonables (S&P Global & NMA, 2024).

Otro importante cuello de botella financiero ha sido la histórica falta de incentivos claros y mecanismos sólidos de apoyo específico para inversiones en minerales críticos en Occidente. Durante décadas, la minería fue percibida como una industria madura o en decadencia en muchos países occidentales, frecuentemente excluida de incentivos dedicados a la innovación tecnológica o de políticas industriales estratégicas. Solo recientemente, economías importantes comenzaron a ofrecer incentivos específicos para proyectos estratégicos relacionados con minerales críticos. Ejemplos clave incluyen los créditos fiscales contemplados en la Ley de Reducción de la Inflación de Estados Unidos, dirigidos al abastecimiento nacional de minerales esenciales para baterías eléctricas, y las recientes iniciativas europeas bajo la Ley de Materias Primas Críticas (CRMA) de la Unión Europea, diseñadas expresamente para movilizar garantías públicas de financiamiento y reducir el riesgo percibido por los inversionistas (European Commission, 2024).

La ausencia previa de estos mecanismos de apoyo financiero dejó a muchos proyectos mineros occidentales —especialmente aquellos enfocados en minerales críticos emergentes, como las tierras raras— luchando por obtener financiamiento. Los inversionistas privados típicamente encontraban retornos más atractivos en sectores como la tecnología o las finanzas, percibiendo la minería como una actividad de alto riesgo y baja recompensa. En consecuencia, muchas pequeñas empresas que intentaron desarrollar proyectos de minerales críticos se enfrentaron a un denominado "valle de la muerte" entre la fase inicial de obtención de permisos y la producción a gran escala, etapa en la cual se requieren importantes inyecciones de capital precisamente cuando la confianza del inversionista suele estar en su punto más bajo. Sin apoyo financiero intermedio adecuado, numerosos proyectos prometedores quedaron paralizados indefinidamente o recurrieron inevitablemente a socios extranjeros para asegurar los recursos necesarios.

Para resolver este desafío de manera concreta, es fundamental que los gobiernos occidentales proporcionen incentivos claros, mecanismos sólidos de apoyo financiero y un acompañamiento estratégico constante a los proyectos mineros, especialmente en sus etapas iniciales. Dada la volatilidad inherente y la relevancia estratégica de este mercado, este tipo de intervención gubernamental resulta crucial para compartir riesgos con el sector privado y reducir la incertidumbre percibida por los inversionistas. Sin estos mecanismos efectivos de acompañamiento estatal, la inversión continuará desplazándose hacia regiones que ofrezcan mayor claridad regulatoria, eficiencia operativa y estabilidad institucional, dejando a las democracias occidentales de mercado liberal estratégicamente dependientes de terceros países para satisfacer sus necesidades críticas en minerales estratégicos.

Esta volatilidad financiera también se refleja claramente en la valoración bursátil de las compañías mineras. Aunque el valor de metales como el oro, la plata o el cobre pueda alcanzar récords históricos, las acciones de las mineras no replican automáticamente dichos avances. Estudios recientes demuestran que, si bien el precio del commodity explica más del 60% de la variación en el precio de las acciones mineras en el corto plazo (hasta un año), en plazos mayores esta influencia cae por debajo del 30%. En ese horizonte, factores como la gestión interna de activos, la eficiencia operativa, el control de costes y la disciplina financiera pasan a tener una influencia decisiva sobre la valoración de estas empresas (Zadeh, 2025). Se han documentado casos específicos donde las acciones de una minera cayeron un 44% durante cinco años mientras que el precio del metal retornó a su valor inicial, demostrando que estas compañías son negocios complejos sujetos a múltiples riesgos operativos y geológicos específicos (Zadeh, 2025).

Hathaway y Kargutkar (2023) profundizan esta desconexión bursátil, atribuyéndola a factores estructurales como la emisión dilutiva de acciones para financiar proyectos, la mala asignación de capital posterior a picos en los precios de los metales, el aumento del riesgo jurisdiccional, y la erosión de los márgenes debido al alza constante en los costes de producción y a los extensos periodos requeridos para obtener permisos de nuevas minas. Otros análisis subrayan que las empresas mineras enfrentan costos impredecibles, elevados gastos de capital y obligaciones medioambientales crecientes que afectan significativamente su rentabilidad, provocando que su cotización bursátil no siga la evolución lineal del metal (Wei, 2014). Esta divergencia se observa claramente en datos recientes: en 2024, el precio del oro alcanzó máximos históricos, pero el índice de grandes mineras de oro (NYSE Arca Gold BUGS) sigue muy por debajo de sus niveles de 2011, y compañías emblemáticas como Newmont y

Barrick han experimentado caídas notables en sus acciones (Venditti, 2024).

La influencia de la narrativa sectorial también es crítica para entender esta desconexión. A diferencia de las empresas tecnológicas, que generan entusiasmo gracias a su potencial de crecimiento exponencial y suelen recibir múltiplos bursátiles elevados —con ratios precio/beneficio (P/E) que oscilan entre 20 y 50 veces sus ganancias anuales—, las mineras no cuentan con una narrativa equivalente. Los múltiplos de las principales mineras apenas alcanzan entre 9 y 13 veces sus ganancias anuales, es decir, ratios P/E muy inferiores a los de las tecnológicas. Esto refleja profundas diferencias en cómo el mercado percibe su potencial de crecimiento y cuánto está dispuesto a esperar para obtener retornos (Hoddinott, 2025). Tras el ciclo alcista de las materias primas de 2001 a 2011, los inversionistas mostraron fatiga ante los prolongados tiempos requeridos para ver una mina en producción, lo que actualmente genera escepticismo sobre la capacidad de ejecución del sector (Hoddinott, 2025).

Sin embargo, más allá de las incertidumbres regulatorias y los mecanismos financieros específicos, emerge una reflexión más profunda y estructural: ¿por qué el comportamiento del capital en torno a la minería es inherentemente tan sensible, volátil y propenso a la incertidumbre? Es decir, ¿por qué los flujos de inversión hacia el sector minero son tan reacios a consolidarse, incluso en contextos donde la demanda de minerales críticos es clara, creciente y estructural?

La comparación con el sector tecnológico es particularmente reveladora. Los inversionistas en tecnología, incluso frente a entornos regulatorios cambiantes, ciclos de mercado adversos o modelos de negocio aún no rentables, tienden a mantener una confianza sostenida. Esta confianza no proviene únicamente de cifras financieras, sino de una convicción cultural más profunda: la percepción ampliamente compartida de que la tecnología es indispensable para el futuro económico, social y político. En otras palabras, la tecnología no solo genera retornos; genera sentido. Tiene una narrativa poderosa que moviliza expectativas, legitima riesgos y justifica horizontes largos de inversión.

La minería, en cambio, carece en gran medida de esa capa simbólica. A pesar de ser una industria absolutamente esencial —que sostiene virtualmente todos los sectores clave del siglo XXI, desde la transición energética hasta la defensa nacional y la inteligencia artificial—, su imagen pública y su narrativa estratégica permanecen fragmentadas, técnicas o desactualizadas. No se percibe como "industria del futuro", sino como una actividad del pasado. Esto genera una paradoja: sectores como la tecnología, que dependen críticamente del suministro estable y seguro de minerales estratégicos, gozan de múltiples beneficios narrativos y bursátiles, mientras que la minería —que habilita esos mismos sectores— sigue siendo percibida como riesgosa, contaminante o secundaria.

Esta diferencia no es menor. El capital no invierte solamente sobre la base de fundamentos económicos. También responde a símbolos, lenguajes, proyecciones culturales e imaginarios de futuro. En este sentido, la minería opera en clara desventaja frente a otras industrias que han sabido construir una narrativa poderosa y aspiracional, que conecta sus operaciones con valores ampliamente compartidos: sostenibilidad, innovación, digitalización, inclusión. La minería, en cambio, no ha logrado anclar su propuesta de valor en un relato que la sitúe como pilar de esos mismos objetivos colectivos.

Por ello, la sensibilidad del capital hacia la minería no es solo un problema financiero: es una consecuencia directa de un vacío narrativo. En ausencia de una narrativa fuerte que respalde su propósito, cada litigio, cada retraso, cada cambio normativo se convierte en un factor de riesgo amplificado. La inversión se retrae no solo por lo que ocurre, sino por lo que se teme que pueda ocurrir. Y esa percepción de fragilidad —por real o simbólica que sea— es precisamente lo que erosiona la estabilidad financiera del sector.

Entonces, si la minería quiere recuperar atractivo financiero sostenible, no basta con mejorar sus fundamentos técnicos o sus políticas públicas. También debe reconstruir su narrativa estratégica. Una que no se defina por el miedo al pasado, sino por su contribución activa al futuro. Una que haga explícito que sin minería no hay digitalización, ni transición energética, ni defensa estratégica. Que sin cobre no hay redes inteligentes. Sin litio, no hay baterías. Sin tierras raras, no hay inteligencia artificial. Y sin una industria minera robusta y legitimada, todo el relato del futuro queda sin base material.

En definitiva, el comportamiento volátil del capital no es un síntoma inevitable, sino una señal de que la minería necesita volver a hablar con claridad —y con visión— sobre su rol estructural en el siglo XXI.

3. Fricción social y cultural: cuando el consenso se convierte en paralización

La minería no se trata solo de rocas y capital, sino también de personas y comunidades. En los países occidentales, una sociedad civil activa y comunidades locales empoderadas son justamente consideradas pilares de la democracia. Sin embargo, el contexto social en torno a la minería ha evolucionado hacia un desafío estructural cada vez más profundo. En muchas democracias avanzadas, la industria ha perdido el control de su narrativa, apareciendo ante la opinión pública como un sector anticuado, ambientalmente destructivo o políticamente extractivo.

Según el estudio de Marin y Palazzo (2024), esta resistencia no es anecdótica ni marginal, sino sistémica y en crecimiento. A partir de un análisis global de los datos del proyecto GDELT entre 2015 y 2022, los autores muestran que los conflictos vinculados a la minería son generalizados y especialmente intensos en países como Estados Unidos y Canadá, donde se registran algunas de las tasas más altas de oposición comunitaria. El proyecto GDELT (Global Database of Events, Language, and Tone) es una iniciativa académica internacional que monitorea y analiza eventos globales utilizando técnicas avanzadas de análisis de datos e inteligencia artificial. La plataforma recopila información de medios de comunicación, agencias de noticias y otras fuentes digitales alrededor del mundo, creando una base de datos extensa y en tiempo real sobre conflictos sociales, movimientos políticos, protestas y dinámicas comunitarias. Esta resistencia comunitaria emerge de una combinación de factores sociales, ambientales y políticos: contaminación del agua, degradación del suelo, exclusión de las decisiones y percepciones de injusticia, particularmente hacia pueblos indígenas.

Lo que hace especialmente compleja esta dinámica es que el mismo poder cívico que impulsa transiciones más inclusivas y justas puede, en la práctica, traducirse en polarización profunda y bloqueo institucional. Marin y Palazzo documentan cómo este poder comunitario se expresa a través de protestas, litigios, bloqueos y campañas mediáticas. Si bien estas acciones son expresiones legítimas de participación cívica menudo derivan en retrasos prolongados, estancamientos regulatorios o incluso cancelaciones de proyectos, especialmente cuando no existen marcos de gobernanza capaces de procesar el conflicto y construir acuerdos.

El concepto de "licencia social para operar" ha emergido como respuesta a esta presión cívica, con la intención de incluir más activamente a las comunidades en las decisiones mineras. Sin embargo, el estudio advierte que esta idea ha evolucionado —en muchos casos— desde una herramienta de diálogo hacia un mecanismo informal de veto. En contextos donde cualquier minoría vocal puede bloquear indefinidamente un proyecto, incluso después de aprobaciones formales, se genera un "bloqueo sin salida": todos los actores tienen capacidad de freno, pero nadie posee la capacidad institucional de destrabar el proceso.

Para superar esta parálisis, el estudio propone repensar la gobernanza desde lo que denomina la democratización de las decisiones de inversión. Esto implica ir más allá de los modelos tradicionales de consulta y responsabilidad social empresarial, y avanzar hacia estructuras de gobernanza genuinamente inclusivas, donde las comunidades no solo participen, sino que también co-diseñen, co-decidan o incluso co-inviertan en los proyectos. Según Marin y Palazzo, estas estructuras serían clave para reducir la polarización, reconstruir la confianza y habilitar una minería estratégica y responsable en el contexto de las transiciones justas.

Sin embargo, más allá de proyectos específicos y disputas locales, la minería occidental enfrenta un desafío cultural aún más profundo: su imagen pública general. En muchos países desarrollados, el sector minero se enfrenta a una desconfianza estructural que va más allá de incidentes aislados o conflictos específicos. Según la encuesta GlobeScan Radar 2023, realizada para el Consejo Internacional de Minería y Metales (ICMM), la minería se ubica sistemáticamente en los últimos lugares en términos de responsabilidad social entre todos los sectores evaluados. En Canadá, la industria minera ocupa el puesto 17 de 18; en Estados Unidos, figura en último lugar, con resultados similares en Europa y Australia. Un caso notablemente diferente es el de Chile, que destaca positivamente al ubicarse en el octavo lugar. Esto ilustra con claridad cómo la percepción pública puede mejorar sustancialmente cuando las prácticas responsables, transparentes y culturalmente sintonizadas se integran de forma estructural al sector. El ejemplo chileno no es meramente anecdótico; es un referente que demuestra el potencial desaprovechado de transformación positiva en contextos occidentales.

Las razones que explican las percepciones negativas ofrecen matices reveladores. En Norteamérica y Europa, las preocupaciones ciudadanas sobre la minería tienden a centrarse menos en el vínculo directo con las comunidades y más en temas ambientales de alcance general. Las menciones más frecuentes aluden al daño al medio ambiente, al uso intensivo de recursos naturales y a la contribución al cambio climático. En cambio, aspectos como el impacto en comunidades indígenas o locales, las condiciones laborales o la inclusión aparecen más abajo en el orden de prioridades (ICMM, 2023). Esta distribución sugiere que los desafíos reputacionales no provienen únicamente de una oposición directa en los territorios mineros, sino que se enmarcan dentro de una narrativa más amplia, en la que los valores ambientales adquieren un protagonismo creciente. No se trata de una postura radicalizada, sino de una sensibilidad social cada vez más presente, que a menudo eclipsa otras dimensiones del rol de la minería. Esta distancia entre lo que el sector hace y lo que la sociedad percibe no apunta solo a un problema de comunicación, sino quizás a la necesidad más profunda de reubicar culturalmente a la minería en la conversación sobre desarrollo responsable.

Las percepciones positivas, aunque presentes, muestran una narrativa fragmentada. Si bien aspectos como la generación de empleo, el suministro de minerales para tecnologías limpias y el aporte a la economía son mencionados por una parte relevante de la ciudadanía, ninguno de ellos supera el 50% de las respuestas. Incluso el factor mejor valorado —la creación de empleo— aparece en menos de la mitad de los casos. Esto sugiere que no existe un relato dominante ni cohesionado sobre el valor de la minería para la sociedad. Más aún, otras menciones vinculadas al impacto comunitario, la protección ambiental o la innovación tecnológica presentan cifras aún más bajas. Solo tres de cada diez personas la asocian con el desarrollo económico o la transición energética; dos de cada diez, con la innovación o el cuidado ambiental; y apenas uno de cada diez, con beneficios para comunidades indígenas o el fomento de la cultura. En otras palabras, existe un umbral amplio de crecimiento narrativo y simbólico. La minería es reconocida, pero no aún plenamente integrada en el imaginario colectivo como una industria estratégica, moderna y socialmente relevante. Este diagnóstico no es una sentencia, sino una oportunidad: allí donde no hay relato, hay espacio para construir uno nuevo.

Lo más alentador es que la ciudadanía aún no ha dado por perdida a la industria minera. Según la encuesta GlobeScan Radar 2023, un 79% de las personas a nivel global afirma que reconsideraría su opinión sobre el sector si este demostrara mejoras significativas en áreas clave de desempeño. Solo una minoría cree que la industria "nunca lo hará bien" o que empeoraría su opinión ante cambios futuros. Esta apertura es especialmente relevante en contextos occidentales: tanto en Europa como en América del Norte, los ciudadanos identifican con claridad qué transformaciones los harían sentirse mejor respecto a la minería. Las prioridades se concentran en cinco ejes: proteger y restaurar la naturaleza, reducir y reutilizar recursos para evitar nuevas explotaciones, garantizar condiciones laborales seguras, mejorar la vida de las comunidades locales y contribuir activamente a la lucha contra el cambio climático. Este dato es clave: no se trata de una sociedad radicalizada ni cerrada al diálogo, sino de una ciudadanía exigente que espera señales creíbles. La legitimidad de la minería no está clausurada, pero sí condicionada a una nueva forma de actuar y, sobre todo, a una nueva forma de narrarse.

Creemos que lo más revelador, al observar estos datos en conjunto, es la paradoja que se dibuja con fuerza. Por un lado, los conflictos asociados a la minería están aumentando con intensidad, especialmente en democracias occidentales. Como documentan Marin y Palazzo (2024), países como Estados Unidos y Canadá registran algunos de los niveles más altos de eventos de resistencia a nivel global —más de 12.000 en menos de una década— expresados en protestas, litigios y bloqueos organizados. Esta tendencia habla de una fricción creciente, marcada por polarización y bloqueo institucional.

Pero al revisar los datos de percepción pública con más detalle, la imagen es menos tajante. Tal como muestra el estudio ICMM/GlobeScan (2023), si bien la minería ocupa los últimos lugares en términos de confianza social, un porcentaje muy alto de la ciudadanía —el 79%— no ha dado por perdida a la industria. Por el contrario, estaría dispuesta a reconsiderar su opinión si la minería demuestra avances reales en ciertas áreas clave. En América del Norte y Europa, muchos ciudadanos siguen reconociendo el aporte del sector en empleo, desarrollo económico y tecnologías limpias. No están dando la espalda a la minería: están preguntando si esta es coherente con los valores sociales y ambientales que hoy importan. Hay una crítica, sí, pero también una oportunidad.

Lo que enfrentamos no es simplemente una industria cuestionada, sino una industria que aún no ha encontrado cómo ser comprendida. En nuestro análisis, lo que las encuestas muestran con claridad es una ciudadanía ambivalente: reconoce la importancia estructural de la minería, pero no termina de confiar en su propósito. La tensión no proviene de una oposición frontal, sino de una desconexión simbólica. La minería cumple, pero no conecta. Ejecuta, pero no emociona. Tiene estándares, pero no construye sentido. Lo que falta no es solo mejor comunicación, sino una traducción simbólica entre dos mundos que hoy se miran sin encontrarse: el mundo técnico, regulado y productivo en el que se mueve la industria, y el mundo cotidiano, emocional y político donde habitan las comunidades.

En ese vacío, muchas veces son actores intermedios, no siempre representativos, quienes terminan hablando por otros. Vocerías externas, redes activistas, ONG con marcos cerrados: en ausencia de un vínculo directo y legítimo entre empresa y territorio, el diálogo se fragmenta o se polariza. Y así, incluso donde no hay hostilidad social explícita, el proyecto se vuelve inviable. Porque la desafección no siempre grita, pero bloquea. Porque la licencia social no se pierde con un solo conflicto, sino con una suma de vacíos no resueltos. El verdadero desafío no es recuperar aprobación: es recuperar sentido. No se trata de comunicar mejor lo que se hace, sino de reconstruir el porqué de lo que se hace. Una minería que aspire a sostenerse en democracias exigentes no necesita defenderse: necesita volverse significativa.

Y eso requiere algo más que buenos informes o campañas institucionales. Requiere repensar cómo se posiciona culturalmente la minería en el siglo XXI: no como un mal necesario, ni como excusa para metas ecológicas, sino como un actor legítimo que se atreve a hablar el lenguaje del presente. Participación. Comunidad. Reciprocidad. Porque el futuro no será construido por quienes solo extraen recursos, sino por quienes saben construir vínculos duraderos.

4. Brechas en educación y talento: cuando la minería deja de hablarle al futuro

Uno de los desafíos menos visibles —pero quizás más estructurales — que enfrenta hoy la minería occidental es el deterioro progresivo de su capital humano. Todo comienza con una ola de jubilaciones que los propios ejecutivos del sector han advertido, dejando un vacío que no encuentra reemplazo claro en el horizonte. Pero el problema va más allá: esa falta de relevo no parece corregirse en el mediano plazo. Las matrículas en carreras clave caen, los programas universitarios se reducen, y las nuevas generaciones no perciben a la minería como un espacio donde construir su futuro. Aquí radica el primer quiebre: una desconexión que amenaza con debilitar la industria desde su raíz más humana.

Los datos reflejan claramente esta tendencia. Según cifras de la Society for Mining, Metallurgy, and Exploration (SME, 2022), el número de estudiantes en Estados Unidos que cursan ingeniería minera cayó drásticamente un 60%, pasando de alrededor de 1.500 estudiantes en 2015 a cerca de 600 en 2022. En paralelo, programas académicos clave están desapareciendo o reduciendo su tamaño: para 2023, solo 15 universidades en todo el país aún ofrecían la especialidad en ingeniería minera, frente a las 25 que existían hace algunas décadas (SME, 2022). Esta tendencia no es un caso aislado, sino un patrón que se repite en Canadá, Australia y otros países occidentales, revelando un problema no solo local, sino sistémico. Y mientras Occidente enfrenta esta contracción, el contraste global se hace cada vez más evidente —y estratégico.

En el otro extremo, países como China han convertido el desarrollo de capital humano en un activo estratégico. Con decenas de universidades especializadas en minería, China gradúa cada año a cientos de ingenieros, geólogos y técnicos altamente capacitados, preparados para liderar sus ambiciones mineras. Lo que se está perdiendo en Occidente, entonces, no es solo la inscripción en carreras estratégicas, sino una relación cultural entre minería y juventud que se desvanece. La generación que busca propósito, flexibilidad, impacto y futuro no encuentra en la minería una narrativa que la convoque. La industria ofrece tecnología, pero no sentido. Habla de producción, pero no de pertenencia. Y en ese silencio, otros sectores —energía renovable, ciencia de datos, biotecnología— ocupan el espacio aspiracional que la minería dejó vacío, dejando a la industria en un rincón del pasado.

Esta desconexión se refleja con claridad en las percepciones juveniles. La encuesta nacional de 2023 realizada por el Mining Industry Human Resources Council (MiHR) y Abacus Data a jóvenes canadienses entre 15 y 30 años coloca a la minería en el último lugar entre las industrias evaluadas en términos de percepción positiva. Solo un 27% de los encuestados tiene una impresión favorable del sector minero, quedando por debajo de sectores como salud (62%), cultura (54%), tecnología (53%) e incluso petróleo y gas (29%). Esta baja valoración pública no es un detalle menor: señala un desafío estructural. La minería no solo compite por recursos y permisos, sino también por sentido. En el imaginario de las nuevas generaciones, aún no logra posicionarse como una industria del futuro. Y detrás de esos números, emerge un peso simbólico que limita su capacidad de inspirar.

Más allá de los datos duros, el estudio revela el lastre cultural que la minería carga en la mente juvenil. Cuando se pregunta qué palabras vienen primero al pensar en esta industria, las más mencionadas son: carbón, oro, peligrosa, sucia, dura, contaminación y petróleo. Es decir, incluso antes de evaluar racionalmente el sector, ya aparece asociado a elementos del pasado, riesgos laborales, daño ambiental y recursos fósiles. Esta carga semántica —fuertemente anclada en una narrativa extractiva tradicional— dificulta que los jóvenes la asocien con conceptos del futuro como innovación, transición energética o propósito. El desafío, pues, trasciende lo económico para convertirse en simbólico: se trata de reconstruir el significado de la minería en la cultura contemporánea, un paso esencial para volverla atractiva.

El contraste con otros sectores agrava esta brecha. Aunque el 65% de los jóvenes en Canadá considera que el sector ofrece buenos sueldos y beneficios —un dato positivo—, en casi todos los demás atributos evaluados, la minería aparece a la zaga. Solo el 46% cree que hay oportunidades de ascenso, el 32% percibe un buen equilibrio entre vida personal y laboral, y apenas el 26% considera que el trabajo es seguro. Estos datos cobran fuerza al compararlos con sectores como tecnología o salud, que lideran en casi todos los ítems.

El mensaje es claro: los jóvenes no ven a la minería como un espacio de desarrollo vital, seguro o inspirador. Y esta desconexión no se limita a lo ambiental o simbólico; es también funcional: un obstáculo que exige cambios concretos en las condiciones de empleabilidad, bienestar y propósito.

Sin embargo, no todo está perdido. Pese a estos desafíos de percepción y posicionamiento, el interés por trabajar en la minería muestra señales incipientes de recuperación. Según el estudio de MiHR (2023), el 34% de los jóvenes encuestados en Canadá dijo que consideraría una carrera en el sector, un aumento de tres puntos respecto a 2020. Aunque esta cifra sigue muy por debajo de sectores como tecnología, cultura o salud (todos sobre el 60%), refleja que la industria no está perdida —sino aún a tiempo. El verdadero riesgo no es el rechazo absoluto, sino la indiferencia estructural. Si el sector logra redibujar su narrativa, ampliar su propuesta de valor y generar mejores experiencias laborales, el terreno para atraer nuevas generaciones no está del todo erosionado. La oportunidad sigue viva —pero no lo estará para siempre.

Esta esperanza encuentra eco en hallazgos de otros contextos. El estudio australiano *Gen Z Perceptions of Mining* (AUSMASA, 2024) refuerza lo observado en Canadá: existe una desconexión estructural entre la minería y la nueva generación, incluso en países con fuerte tradición minera. En Australia, el 73% de los jóvenes considera que la minería hace más daño que bien, y solo un 3% tiene una visión muy positiva de la industria. A pesar de que el 66% reconoce su importancia para la economía nacional y un 72% la vincula con estrategias de descarbonización, apenas el 44% la considera relevante para sostener el estilo de vida moderno. Este desajuste revela una brecha narrativa profunda: la minería es vista como una industria útil, pero no como una industria propia. La mayoría de los jóvenes sigue asociándola con carbón, petróleo y gas, y menos del 30% sabe que Australia produce minerales estratégicos como litio o cobre. En otras palabras, la minería cumple, pero no conecta.

La desconexión se extiende al plano laboral y cultural. Solo el 14% cree que la minería es extremadamente importante para su vida cotidiana, y el 77% expresa preocupación por su cultura laboral, diversidad e inclusión. La mitad de los jóvenes no conoce oportunidades más allá del trabajo físico, y solo el 24% consideraría entrar al sector si se le ofreciera formación y empleo garantizado. Sin embargo, este retrato no es del todo pesimista. El mismo estudio muestra que el 60% mejora su percepción cuando comprende que los objetos que usa diariamente —desde teléfonos hasta paneles solares— dependen de los minerales. El 75% cree que la minería del futuro necesitará profesionales más calificados, y un 62% estaría dispuesto a hablar positivamente del sector si recibiera argumentos sólidos. Es decir, la puerta está abierta. Lo que falta no es voluntad, sino una narrativa transformadora que devuelva a la minería su sentido de propósito y pertenencia.

Los datos y las tendencias muestran que, en un futuro próximo, el riesgo no será solo la falta de talento de jóvenes que no se sienten interesados por la industria minera, sino también la erosión de innovación y liderazgo. Porque sin relevo creativo, la minería se vuelve repetitiva. Y sin voces jóvenes, pierde capacidad de reimaginarse y adaptarse a los desafíos geopolíticos, tecnológicos y ambientales del siglo XXI.

Occidente no carece de talento. Lo que falta es una industria minera que sepa hablarle a ese talento. Y eso no se resuelve únicamente con becas ni campañas de comunicación corporativa. Se resuelve reformulando el lugar que la minería quiere ocupar en la arquitectura simbólica del siglo XXI: no como un oficio del pasado, sino como un espacio de futuro, un sector que se atreve a decir con claridad: aquí también se construye propósito, valor social y transformación tecnológica. La minería occidental no necesita solo profesionales; necesita profesionales que crean en ella. Sin ellos, la capacidad del sector para competir y liderar en el nuevo orden minero global se verá irreversiblemente comprometida.

Abordar esta brecha de talento requiere estrategias tanto inmediatas como a largo plazo. A corto plazo, los gobiernos y la industria en Occidente han comenzado a financiar becas, pasantías y programas de divulgación para atraer a estudiantes a campos relacionados con la minería, a menudo reformulándolos en términos de sostenibilidad y oportunidades de alta tecnología (por ejemplo, programas en "ingeniería de recursos terrestres" o "ciencia de materiales para baterías" en lugar de etiquetas mineras tradicionales). Universidades como la Escuela de Minas de Colorado han renovado sus planes de estudio para enfatizar la resolución de desafíos globales (transición energética, sostenibilidad de recursos), mostrando a los estudiantes cómo las habilidades mineras se aplican a los problemas más grandes del mundo. Estos pasos iniciales son promesas, pero no bastan sin un cambio más profundo.

A largo plazo, cambiar la narrativa —como hemos explorado— será clave. Si la sociedad reconoce la minería como un esfuerzo crítico, moderno e incluso noble —impulsando la transición energética y la economía digital—, entonces el nuevo talento se sentirá atraído por ella. Los países occidentales ciertamente no carecen de jóvenes educados y motivados; la tarea es convencer a algunos de ellos de que construir la próxima generación de minas y tecnologías minerales es una misión valiosa. Hasta que eso ocurra, Occidente arriesga no solo tener menos minas, sino también importar expertise o perder ventaja tecnológica en minería frente a otros. La renovación educativa y de talento puede no acaparar titulares como los permisos mineros o las guerras comerciales, pero es una pieza esencial del rompecabezas para recuperar el liderazgo occidental. Sin personas capacitadas para liderar y trabajar en proyectos, incluso las mejores políticas fallarán. Esta es una vulnerabilidad que proviene del éxito: Occidente destacó en pasar a una economía de servicios y conocimiento, pero en el proceso muchos olvidaron que el conocimiento también debe profundizar para encontrar los materiales en los que se basa esa economía.

En síntesis, la brecha de talento en la minería occidental no es un síntoma aislado, sino el reflejo de un proceso más profundo: una pérdida de conexión simbólica entre la industria y las nuevas generaciones. No se trata solo de formar profesionales, sino de ofrecerles una causa en la que valga la pena involucrarse. Porque el verdadero liderazgo no se construye con maquinaria ni con subsidios, sino con visión. Y hoy, más que nunca, la minería necesita recuperar esa visión para volver a hablarle —con honestidad, propósito y futuro— a quienes definirán su destino.

Cuando una industria pierde su lugar en el relato

Al observar los cuatro desafíos estructurales que enfrenta hoy la minería occidental —desde los cuellos de botella regulatorios hasta la pérdida de talento— aparece una constante que va más allá de lo técnico. Son problemas distintos en forma, pero profundamente unidos en su causa: una industria sin relato. O más precisamente, una industria que perdió su lugar en el relato colectivo de Occidente.

No se trata solo de una crisis de eficiencia o de reputación. Lo que emerge es una crisis de sentido. La minería occidental ha cumplido con estándares, ha sostenido sectores clave, ha hecho esfuerzos por adaptarse. Pero en algún momento, dejó de inspirar. Dejó de transmitir pertenencia. Y en contextos donde el capital, el talento y el apoyo ciudadano se movilizan cada vez más por propósitos compartidos —más que por datos o necesidad económica— esa desconexión simbólica se transforma en una debilidad estructural.

En otras épocas, la minería fue símbolo de progreso, desarrollo territorial y movilidad social. Hoy, en cambio, aparece con frecuencia como una industria anexa, desvinculada del relato moderno sobre futuro, sostenibilidad o transformación digital. No es que haya dejado de ser estratégica: es que dejó de ser vista como parte del todo. Se volvió un sector que "hay que permitir", pero no necesariamente uno que "vale la pena imaginar". Esa diferencia, que parece semántica, es en realidad política, económica y cultural.

Esta pérdida de relato no es una anomalía. Tampoco es culpa exclusiva de la industria. Es el reflejo de algo más profundo: una transformación en los códigos simbólicos y en las prioridades colectivas de muchas sociedades occidentales. En los últimos años, los valores compartidos han sido reorganizados por narrativas globales como la sostenibilidad, la transición energética, la inclusión o el gobierno corporativo. En ese proceso, algunas actividades productivas que no supieron integrarse rápidamente a estos lenguajes quedaron simbólicamente rezagadas.

La minería no desapareció del sistema: siguió operando, generando empleo, exportaciones e insumos esenciales. Pero lo hizo en modo operativo, no narrativo. Cumplía una función, pero ya no ocupaba un lugar simbólico. Y en entornos donde las decisiones institucionales, financieras y sociales se activan cada vez más por significados, esa omisión se volvió una trampa. La minería quedó atrapada en una disonancia sistémica: era esencial, pero no era percibida como tal. Y cuando una actividad pierde sentido dentro del sistema que la produce, el sistema deja de protegerla, de representarla, de priorizarla.

En este punto, cabe preguntarse si parte de esta desconexión no tiene también que ver con el tipo de legitimidad que se promovió. ¿Podría ser que, al centrarse de forma casi exclusiva en métricas ESG y cumplimiento procedimental, la minería haya desplazado su narrativa simbólica, comunitaria y estratégica? ¿Es posible que, en su esfuerzo por adaptarse a marcos de gobernanza ambiental y social —necesarios, sin duda— haya perdido la capacidad de decir para qué existe, qué representa y por qué vale la pena integrarla en el proyecto colectivo de futuro? Mientras en otras regiones, como China, la minería nunca dejó de ser concebida como base del desarrollo nacional, en Occidente tal vez se volvió solo un rubro a gestionar, en vez de un sector a imaginar.

Este vacío narrativo no se llena con marketing. No se soluciona con campañas institucionales ni con slogans bienintencionados. Porque lo que está en juego no es la imagen, sino el lugar simbólico que una sociedad le asigna a sus actividades productivas. Cuando ese lugar se vuelve difuso, todo se vuelve más difícil: los permisos se demoran, los jóvenes miran hacia otro lado, los capitales buscan refugios con menor fricción social. Y lo que es más complejo: se debilita la base sobre la que se construyen las licencias sociales, la regulación eficaz e incluso la estabilidad institucional.

Lo que vemos entonces no es una industria poco rentable, ni poco necesaria, ni tecnológicamente obsoleta. Es una industria que no está integrada simbólicamente al proyecto de futuro que muchas sociedades desean construir. Y por eso, por más que cumpla estándares, la minería sigue sin lograr pleno respaldo. La paradoja es evidente: cuanto más rigurosa se vuelve, más parece aislarse. En su afán por cumplir, se encapsula en marcos normativos que la protegen pero también la alejan. Y en ese alejamiento, pierde contacto con el lenguaje emocional, aspiracional y social que define las prioridades de esta época.

Así, la minería formal se ralentiza, se judicializa, se burocratiza, mientras que otras formas de extracción —menos reguladas, más veloces, sin vocación de integración— avanzan por los márgenes. Pero este no tiene por qué ser el final de la historia. Todo lo contrario: puede ser el umbral de una transformación posible. Occidente no está condenado al rezago minero. Pero necesita, antes que nada, revisar su arquitectura institucional y simbólica. No para abandonar los estándares que lo definen, sino para recuperar la pregunta central: ¿qué rol cumple la minería en la historia que queremos contarnos como sociedad? Reconstruir el relato no es justificarlo todo. Es integrar. Es reconocer que, como toda industria, la minería ha cometido errores. Pero también es mostrar que su contribución puede ser parte de algo mayor: la transición energética, la cohesión territorial, la resiliencia productiva, la sostenibilidad tecnológica.

Una minería con propósito no se defiende: se ofrece como parte del pacto colectivo hacia adelante. Allí donde ese relato reaparece —basado en datos, pero también en vínculos, en símbolos, en visión compartida— la minería vuelve a ganar legitimidad, licencia, inversión y talento. No porque se la imponga, sino porque vuelve a tener sentido. Porque vuelve a hablar un lenguaje que la sociedad está dispuesta a escuchar. Y solo entonces podrá ser más eficiente, más visible, más respetada, y sobre todo, más elegida.

Lo que hace aún más urgente esta reflexión es que estos desafíos estructurales no ocurren en el vacío. Mientras la minería formal se enfrenta a normas cada vez más exigentes, marcos institucionales fragmentados y expectativas sociales crecientes, otro fenómeno avanza por los márgenes del sistema global: la expansión de la minería ilegal. Y no se trata solamente de una actividad ilícita. En muchos territorios —no necesariamente occidentales, pero vinculados a su demanda— se trata de formas de extracción que operan con velocidad, con estructura y con capacidad de penetración simbólica. Porque allí donde el modelo formal no logra responder con legitimidad, no se impone el vacío: se impone otra lógica. Y esa lógica muchas veces entra en tensión directa con los principios que Occidente afirma defender: trazabilidad, Estado de derecho, sostenibilidad, derechos humanos.

Por eso, si queremos entender de verdad lo que está en juego, no basta con mirar las debilidades del modelo formal. También es necesario observar qué fuerzas ocupan el espacio cuando ese modelo no logra responder. Esa será la pregunta central de la próxima sección.

Cuando Occidente no suministra: la minería ilegal e informal ocupa el espacio

Cuando la capacidad de producción minera se desacelera en entornos altamente regulados, el vacío resultante no permanece estático. Otras formas de extracción —con marcos normativos distintos, capacidades institucionales diversas y ritmos de operación más ágiles— tienden a ocupar ese espacio. Lo que se observa no es una falla puntual, sino una dinámica sistémica que surge de una presión estructural: la urgencia global por asegurar minerales estratégicos para la transición energética y tecnológica. Esa presión no siempre puede esperar los tiempos deliberativos o los procesos formales más complejos. Como advierte el informe *Global Analysis on Crimes that Affect the Environment – Part 2b: Minerals Crime* (UNODC, 2025), esta combinación de alta demanda y valorización creciente de recursos como el oro, el litio o el cobalto ha propiciado la expansión de circuitos de extracción que operan en contextos institucionalmente más frágiles. Allí donde las estructuras formales no logran llegar o responder con agilidad, otras formas de operar tienden a consolidarse. Lejos de ser una excepción, este fenómeno parece estar emergiendo como una consecuencia estructural del desbalance entre la demanda global y la oferta regulada.

El caso del cobalto en la República Democrática del Congo ilustra con claridad esta tensión estructural. Impulsada por la expansión global de los vehículos eléctricos, la minería de cobalto ha crecido rápidamente, articulando operaciones industriales formales con una red extensa de extracción artesanal informal. Según el informe de la UNODC (2025), una fracción significativa de esa producción, en muchos casos sin garantías de seguridad laboral ni trazabilidad verificable, termina insertándose en cadenas de suministro internacionales. Incluso en contextos donde se aplican estándares estrictos de certificación, existen etapas tempranas —como la concentración, el transporte o el refinado— en las que el origen exacto del mineral se vuelve difícil, si no imposible, de identificar. Lo que en teoría son circuitos separados, en la práctica pueden entrelazarse sin dejar evidencia clara. Esta ambigüedad no refleja una disfunción aislada, sino una tensión aún no resuelta entre los principios normativos globales y las realidades operativas del terreno.

En Asia, la dinámica adquiere matices distintos, pero no menos relevantes. En Indonesia, por ejemplo, las políticas de desarrollo industrial han incentivado con fuerza el crecimiento del sector del níquel, un insumo clave para la fabricación de baterías. Sin embargo, esa expansión también ha venido acompañada de prácticas informales, tensiones regulatorias y circuitos productivos difíciles de supervisar de manera integral. En 2024, más de veinte personas fueron investigadas por su participación en exportaciones no autorizadas de estaño, en un contexto donde los marcos regulatorios y los incentivos productivos no siempre avanzan de forma coordinada. Tal como señala el informe de la UNODC (2025), cuando la demanda se acelera y la capacidad institucional es limitada, los modelos de expansión pueden adquirir trayectorias no previstas. Aun cuando su origen sea difuso o su trazabilidad incompleta, esa producción tiende a integrarse en mercados globales que, al menos formalmente, aspiran a cumplir con estándares de sostenibilidad y derechos laborales.

América Latina enfrenta una paradoja propia. A pesar de contar con abundantes reservas de litio, cobre y oro, varios de sus territorios se han convertido en escenarios propicios para el avance de redes informales o ilegales de extracción, especialmente en contextos de débil presencia estatal. En Colombia, por ejemplo, el 73% de la minería de oro aluvial registrada en 2022 se desarrolló bajo condiciones consideradas ilegales o irregulares, y parte de esa producción fue exportada desde zonas francas sin trazabilidad clara (UNODC, 2025). En Perú, Brasil y Venezuela, se documentan dinámicas similares: oro extraído en condiciones informales que luego es fundido, documentado y exportado, sin que pueda determinarse con certeza su origen. En este escenario, la escasez de producción regulada en otras partes del mundo no reduce la demanda: simplemente redistribuye los riesgos. Como señala el informe, una parte importante del oro extraído en la Amazonía —en zonas marcadas por deforestación o condiciones laborales precarias— termina insertándose en mercados internacionales a través de centros globales de refinación y comercio. Muchos de estos destinos no son productores de oro, pero desempeñan un papel clave en la cadena de valor. Una vez fundido, documentado y exportado, el metal va perdiendo gradualmente su trazabilidad. Y en ese punto, las distinciones se desdibujan y el control se diluye. Allí se vuelve evidente el dilema estructural: cuando se desincentiva la producción interna, las regulaciones occidentales no eliminan el consumo; simplemente lo trasladan a rutas menos visibles.

Más allá de las tensiones institucionales y normativas, el avance de la minería ilegal conlleva impactos concretos que no pueden ser ignorados. En muchas regiones, esta actividad opera sin evaluaciones ambientales, sin control de insumos químicos y sin límites de expansión territorial. El resultado es devastador: contaminación masiva de ríos con mercurio, deforestación acelerada, destrucción de ecosistemas y pérdida de hábitats críticos para la fauna local. En zonas de alta biodiversidad, la minería ilegal ha fragmentado corredores ecológicos, afectado poblaciones de peces y mamíferos, y degradado fuentes de agua utilizadas por comunidades enteras. A esto se suman prácticas sistemáticas de vulneración de derechos: trata de personas, trabajo forzoso, explotación sexual y desplazamiento de pueblos indígenas y afrodescendientes, tanto en América Latina como en África y Asia. En regiones rurales de la Amazonía o el Sahel, la minería ilegal no solo daña el medioambiente: socava estructuras sociales, reproduce lógicas de violencia territorial y expone a poblaciones enteras a enfermedades crónicas sin respuesta estatal. Frente a esto, incluso quienes desconfían del modelo extractivo formal, reconocen que la ausencia de regulación no reduce el impacto ambiental: lo multiplica, lo invisibiliza y lo desborda.

Esa realidad concreta remite a una dinámica más profunda: lo que este libro refleja —y lo que se percibe con creciente claridad en diversos territorios— no es únicamente la expansión de prácticas ilegales, sino el funcionamiento previsible de un sistema global desbalanceado. Cuando la minería formal se ve limitada por múltiples restricciones —regulatorias, judiciales, financieras o simbólicas— su margen de acción se reduce drásticamente. Pero el mercado no se detiene. La demanda persiste. Y allí donde la oferta regulada se ralentiza o se bloquea, otras formas de extracción tienden a ocupar el espacio disponible, muchas veces sin necesidad de permisos, audiencias ni mecanismos de control previos. La minería informal no avanza por confrontación directa, sino por desplazamiento. No irrumpe: se instala donde la institucionalidad ya no logra llegar.

Este fenómeno no puede explicarse únicamente desde la ilegalidad. Para comprender su lógica de fondo, es útil recurrir al concepto de anomia. En sociología, la anomia describe una situación en la que las normas pierden su capacidad de orientar la acción colectiva. No desaparecen, pero dejan de tener efecto práctico. En el ámbito minero, esta situación se produce cuando las exigencias regulatorias superan sostenidamente la capacidad operativa del sistema formal. El marco legal permanece, pero se vuelve ineficaz como herramienta de canalización. La legalidad deja de ser percibida como una vía posible. Y en ese espacio gris, comienzan a proliferar proyectos informales que, sin cumplir con todos los estándares, logran operar con cierta normalidad. No porque pasen desapercibidos, sino porque el sistema ha dejado de ofrecerles alternativas viables.

En ese escenario, la legalidad deja de funcionar como un espacio habilitante y comienza a operar, de hecho, como un sistema de exclusión. No porque el marco normativo esté mal concebido, sino porque acumula capas de requisitos, validaciones y plazos que terminan desincentivando incluso a los actores más formales. Frente a esa sobrecarga, muchos proyectos simplemente no avanzan. Sin embargo, la necesidad de acceder a minerales estratégicos no desaparece. Y ese terreno, donde hay recursos pero no viabilidad regulatoria, queda disponible para dinámicas más flexibles, menos visibles y sujetas a menores exigencias. De este modo, el sistema formal —en su afán por garantizar los más altos estándares— termina cediendo espacio a lógicas que escapan a su control.

La paradoja es evidente: esta deriva no surge por falta de regulación, sino por su exceso descoordinado. En lugar de funcionar como instrumentos de habilitación, muchas políticas públicas terminan configurándose como laberintos normativos que fragmentan, duplican y ralentizan los procesos. Lejos de fortalecer la minería responsable, este entramado termina debilitándola, empujando a los proyectos hacia la inacción o la frustración. En ese espacio latente —donde existen recursos, pero no permisos; donde hay demanda, pero no viabilidad operativa— emergen formas alternativas de extracción que, sin responder necesariamente a una lógica criminal, sí funcionan al margen de las instituciones.

En muchos casos, estas formas informales de extracción no solo avanzan por los márgenes, sino que llegan a consolidarse como un sistema paralelo. No necesariamente ilegal, pero sí desvinculado del marco regulador formal. Se trata, en general, de proyectos de menor escala, con cierto grado de aceptación social, que operan con eficiencia económica y escasa visibilidad institucional. Algunos generan empleo, dinamizan economías locales y contribuyen parcialmente a satisfacer la demanda global, aunque lo hagan sin cumplir con los criterios ESG. Esta situación plantea una tensión estructural: mientras la minería formal queda atrapada en procesos que pueden tardar décadas, la informal gana agilidad, escala y, en algunos casos, legitimidad territorial. Así, el sistema se invierte: lo formal se ralentiza; lo informal avanza.

Lo que resulta especialmente inquietante no es solo que esta dinámica debilite el cumplimiento de estándares internacionales, sino que también limite la capacidad de Occidente para incidir en la configuración del modelo minero global. Al reducir su oferta por razones legítimas —protección ambiental, participación social, exigencias normativas— deja un vacío que otros actores ocupan con rapidez. Y ese vacío no permanece contenido en el Sur Global: una proporción significativa de los minerales extraídos en condiciones informales o ilegales termina integrándose en cadenas de suministro que abastecen, directa o indirectamente, a industrias occidentales. Cuando no existe una oferta regulada suficiente, la demanda no se detiene: simplemente se satisface a través de circuitos que escapan al control institucional. En ese sentido, no producir también es una forma de influir. Y cuando esa influencia no se ejerce, otros modelos avanzan —con otros criterios, otras velocidades y otras consecuencias.

Una parte sustantiva del problema es que la opinión pública no siempre distingue entre minería ilegal, informal y formal. Cuando esa diferencia no se comunica con precisión, el riesgo es que todas las formas de extracción queden simbólicamente asociadas a impactos negativos, injusticias o daños ambientales, incluso aquellas que operan bajo altos estándares y marcos de responsabilidad. En ese escenario, la minería formal pierde legitimidad no por lo que hace, sino por el ruido narrativo que la rodea. Por eso, trabajar el relato no es accesorio: es estratégico. Si Occidente aspira a sostener su influencia en el nuevo orden minero, necesita reconstruir un marco simbólico que no solo defienda los principios de sostenibilidad y trazabilidad, sino que también visibilice —con convicción— el valor público de contar con una minería regulada, transparente y competitiva. No toda minería es igual, y no toda extracción informal debe ser criminalizada. Pero tampoco puede permitirse que la carga regulatoria sobre el modelo formal termine debilitando su capacidad de actuar frente a opciones más precarias. Es imprescindible que la propia minería formal comunique con claridad cuáles son sus límites, qué la diferencia y por qué su presencia es clave para un futuro más justo, sostenible y coherente con los valores que dice representar.

La expansión de estas redes también tiene consecuencias geopolíticas que suelen pasar desapercibidas. En varios países, la minería ilegal no es solo una actividad informal: está asociada a economías criminales, estructuras armadas no estatales, y lógicas de captura territorial que desafían al Estado y a los marcos multilaterales. En África Occidental, América Latina y el Sudeste Asiático, la extracción sin regulación ha facilitado el financiamiento de grupos insurgentes, ha erosionado el control fronterizo y ha desestabilizado zonas estratégicas para el abastecimiento de minerales críticos. En ese contexto, lo que ocurre en territorios informalizados no queda contenido en sus fronteras. Tiene efectos en cadenas globales, influye sobre precios, vulnera tratados ambientales, y distorsiona los esfuerzos multilaterales por construir un modelo de transición energética creíble, trazable y cooperativo.

Aun así, el escenario no está cerrado. Los países que hoy enfrentan restricciones regulatorias, cuestionamientos sociales o procesos institucionales fragmentados siguen teniendo —en muchos casos— capacidades técnicas, reservas minerales estratégicas e infraestructura instalada para volver a posicionarse. Si logran reconstruir su legitimidad simbólica, alinear sus marcos normativos con una visión de propósito compartido y establecer condiciones habilitantes claras, Occidente aún está en condiciones de producir buena parte de lo que el propio mercado le exige. Recuperar ese espacio no implica competir con los modelos informales replicando sus lógicas, sino hacerlo desde otra escala: con reglas, tecnología, trazabilidad, y sobre todo, con sentido. Porque la mejor forma de contrarrestar lo precario no es con discurso, sino con oferta viable.

Occidente Minero: cuatro modelos para la recuperación estratégica

Los desafíos estructurales que enfrenta hoy Occidente en el ámbito minero —desde la lentitud institucional hasta la pérdida de legitimidad simbólica— no son insalvables. En este contexto de transformación geopolítica y tecnológica, cuatro actores con roles distintos en la cadena de valor de los minerales críticos emergen como potenciales líderes de una recuperación estratégica: Canadá, Australia, Estados Unidos y la Unión Europea.

Cada uno, desde sus propias fortalezas y trayectorias, está adoptando medidas concretas para reposicionar la minería o sus segmentos asociados dentro de su modelo productivo. En Canadá, la combinación de institucionalidad robusta, recursos críticos y asociaciones con comunidades indígenas ha derivado en un ecosistema emergente de refinación y manufactura. Australia, por su parte, ha desarrollado una capacidad industrial de procesamiento significativa, aunque todavía con bajo anclaje local en industrias *downstream*. Estados Unidos —tras décadas de dependencia externa — ha iniciado una reactivación decidida de su base minera e industrial, acelerada notablemente en 2025 con políticas orientadas a reducir tiempos regulatorios, incentivar inversiones y asegurar autosuficiencia estratégica. Y la Unión Europea, aunque con base minera limitada, se ha convertido en un nodo clave como gran consumidor e industrial avanzado, especializado en procesamiento limpio, reciclaje de alto estándar, regulación ESG y diplomacia de minerales críticos, asegurando suministros mediante alianzas internacionales.

Más allá de sus diferencias, estos cuatro modelos comparten una aspiración común: construir un nuevo marco minero que no se base en replicar el volumen chino, sino en ofrecer una alternativa creíble, trazable y tecnológicamente sofisticada. Uno donde la minería y sus industrias asociadas se integren —con reglas claras, legitimidad social e innovación industrial— en las cadenas de valor que darán forma a la economía del siglo XXI. A continuación, examinaremos cómo cada uno de estos actores está abordando este proceso.

Canadá: liderazgo institucional y un modelo downstream emergente

Canadá se posiciona como uno de los países mineros más relevantes del mundo, no solo por su dotación de recursos —con abundantes reservas de níquel, litio, cobalto, cobre, uranio, grafito y tierras raras (USGS, 2025)— sino por su capacidad institucional para traducir esa riqueza en valor agregado responsable. En la nueva era de la minería geopolítica, el activo más estratégico de Canadá no reside únicamente en la abundancia de lo que extrae, sino en su creciente capacidad —aún en fase de expansión— para refinar, transformar e integrar esos minerales en cadenas de valor locales alineadas con sus principios regulatorios, sus compromisos ESG y sus alianzas estratégicas. Aunque una parte significativa de su producción todavía se exporta sin procesar, el país está destinando inversiones sustanciales y políticas específicas para ampliar su capacidad de procesamiento doméstico y vincularla directamente con industrias de alto valor agregado, como la manufactura de baterías y tecnologías limpias.

Desde 2022, el gobierno federal ha desplegado una Estrategia Nacional de Minerales Críticos respaldada por más de 4 mil millones de dólares canadienses, con foco en acelerar proyectos de exploración, refinado, manufactura y reciclaje (Government of Canada, 2024). Esta estrategia incluye inversiones en infraestructura, incentivos fiscales para manufactura limpia, financiamiento a la I+D y alianzas con comunidades indígenas. El objetivo es claro: cerrar el ciclo productivo, pasando de ser un exportador de concentrados a convertirse en un proveedor integral de insumos tecnológicos clave.

Hoy existen más de 150 proyectos activos o avanzados vinculados a minerales estratégicos en casi todas las provincias. Québec lidera en litio con planes para producir hasta 18.000 toneladas/año de hidróxido de litio grado batería, mientras Ontario y Alberta desarrollan refinerías para níquel, cobalto y materiales catódicos (Government of Canada, 2024). Estos proyectos se enlazan con más de 40.000 millones de dólares en inversión privada en fábricas de baterías, componentes y vehículos eléctricos desde 2020 (Government of Canada, 2025). El país comienza a consolidarse como un ecosistema industrial de ciclo completo, en el que los minerales canadienses se procesan localmente, se integran a la manufactura y vuelven a circular a través del reciclaje.

Un rasgo distintivo del modelo canadiense es la solidez de su institucionalidad regulatoria. El país cuenta con un marco transparente que exige rigurosos estudios de impacto ambiental, procesos de participación pública y, sobre todo, consultas significativas con comunidades indígenas (Natural Resources Canada, 2024). Esta dimensión —que muchos ven como una barrera— es en Canadá una palanca estratégica. En múltiples proyectos clave, se han establecido alianzas estructurales con pueblos originarios, incluyendo participación accionaria, acuerdos de beneficio mutuo y programas de formación técnica. Lejos de ser simbólicas, estas alianzas fortalecen la licencia social y permiten una distribución más equitativa del valor generado.

El sector privado también juega un rol fundamental en esta evolución. Empresas como Barrick Gold, Teck Resources, First Quantum Minerals o Agnico Eagle no solo han elevado estándares ESG en sus operaciones internacionales, sino que están incorporando tecnologías limpias, electrificación de faenas, trazabilidad ambiental y mecanismos de monitoreo comunitario en sus operaciones locales (Teck Resources, 2024; Barrick, 2024). Estas prácticas refuerzan una marca-país asociada a minería responsable, que puede convertirse en ventaja competitiva frente a mercados que privilegian trazabilidad y transparencia.

En paralelo, instituciones académicas, agencias públicas y *startups* trabajan en el desarrollo de tecnologías de procesamiento menos contaminantes, recuperación de minerales desde relaves y nuevos modelos de reciclaje. El Programa federal de I+D en Minerales Críticos ha financiado más de 40 proyectos desde 2023, orientados a reducir el impacto químico de la refinación, reutilizar subproductos y certificar la trazabilidad ESG de cada tonelada producida (Natural Resources Canada, 2024). Estas innovaciones no solo buscan eficiencia, sino también reputación internacional.

Sin embargo, la infraestructura de procesamiento aún es insuficiente para cubrir la demanda futura. Según proyecciones oficiales, solo para abastecer a cuatro gigafábricas se requerirán al menos 19 instalaciones nuevas de refinado (Government of Canada, 2024). Además, el país enfrenta un cuello estructural: los permisos pueden demorar hasta 27 años desde el descubrimiento hasta la operación minera (S&P Global, 2024), lo que exige un rediseño ágil del sistema regulatorio para acelerar proyectos sin perder legitimidad.

En 2025, el énfasis de la política canadiense sigue estando fuertemente orientado a la transición verde y la cadena de valor de las baterías. Aunque la Estrategia Nacional reconoce la importancia de los minerales críticos para sectores como defensa, aeroespacial o tecnologías avanzadas, la gran mayoría de las inversiones, incentivos y alianzas internacionales concretadas este año se centran en fortalecer el papel de Canadá como *hub* norteamericano de litio, níquel, cobalto, grafito y manganeso para vehículos eléctricos y almacenamiento de energía. La cooperación con Estados Unidos bajo el marco del *Inflation Reduction Act* (IRA) refuerza esta orientación, ya que los incentivos fiscales estadounidenses privilegian materiales y componentes producidos en países con acuerdos comerciales, siempre que cumplan estrictos requisitos de trazabilidad y contenido regional. Esta interdependencia con la industria automotriz y energética de EE.UU. ha hecho que gran parte del desarrollo industrial canadiense se alinee con las metas de descarbonización y movilidad eléctrica de Norteamérica, más que con una diversificación geoestratégica integral como la emprendida por EE.UU. o, en parte, la UE.

Pese a estos desafíos y a la concentración temática en la transición verde, Canadá está sentando bases sólidas. Su capacidad real no radica únicamente en la abundancia mineral, sino en su esfuerzo por construir un modelo industrial, democrático y ambientalmente sostenible, alineado con los valores de sus principales socios y con los requerimientos emergentes del mercado global. Si logra consolidar un enfoque integrado —desde la mina hasta la batería— y ampliar gradualmente su visión hacia otras aplicaciones estratégicas de los minerales críticos, Canadá podría convertirse no solo en un proveedor confiable de insumos, sino en un referente occidental de ecosistemas mineros modernos. Un país donde competitividad, legitimidad y sostenibilidad no son narrativas aisladas, sino elementos centrales de su proyección geopolítica.

Australia: Alta capacidad de extracción y refinación, ¿pero con qué destino industrial?

Australia ha sido históricamente una potencia en la extracción de minerales, y actualmente está ampliando notablemente su capacidad de refinación de minerales estratégicos. Entre 2023 y 2025, Australia se posiciona entre los principales productores mundiales de litio, tierras raras, níquel y otros minerales críticos, aprovechando esta fortaleza para avanzar hacia etapas de procesamiento más avanzadas (Gobierno de Australia Occidental, 2024). Sin embargo, persiste una pregunta clave: ¿cuánto de este valor agregado realmente impulsa industrias nacionales y cuánto está destinado a la exportación?

En refinación, Australia ha mejorado significativamente su capacidad. Australia Occidental, centro neurálgico de la minería del país, ha desarrollado una industria de procesamiento de metales para baterías de «escala global» (Gobierno de Australia Occidental, 2024). Actualmente cuenta con varias refinerías químicas de litio; por ejemplo, en Kwinana y Kemerton se han establecido nuevas plantas que convierten el concentrado local de espodumena en hidróxido de litio de grado batería, siendo estas de las primeras refinerías de litio fuera de China (Gobierno de Australia Occidental, 2024). A 2024, dos de estas instalaciones ya operan, marcando así la entrada de Australia en el procesamiento avanzado de litio.

En cuanto al níquel, BHP realizó una inversión cercana a los 3.000 millones de dólares en Nickel West (Australia Occidental) para producir sulfato de níquel destinado a baterías de vehículos eléctricos, convirtiéndola en una de las pocas instalaciones fuera de Asia con esta capacidad (Circulor, 2024). Aunque la operación se pausó temporalmente a fines de 2024 debido a precios bajos, esta inversión sentó las bases para el desarrollo del «níquel verde», alimentado por energías renovables y respaldado por contratos de suministro con empresas como Tesla (Circulor, 2024). Otras operaciones como Murrin Murrin, gestionada por Glencore, continúan produciendo níquel y cobalto intermedios aptos para cadenas de baterías.

En tierras raras, Australia logró un hito importante en 2024 al inaugurar su primera planta de procesamiento local en Kalgoorlie, propiedad de Lynas Corporation, procesando concentrado del yacimiento Mt Weld para obtener carbonato mixto de tierras raras, reduciendo parcialmente la necesidad de enviar todo el material al exterior (Listcorp, 2024; Argus Media, 2024). Esto representa un paso significativo hacia una cadena integrada de suministro local que podría ampliarse si surgen más instalaciones de separación o fábricas de imanes permanentes.

Más allá de estos avances, existen proyectos piloto y en desarrollo orientados a producir grafito de grado batería, alúmina de alta pureza (*High Purity Alumina*, HPA) para aplicaciones de electrónica avanzada, electrolitos de vanadio para baterías de flujo, y sulfato de cobalto, todos dentro de Australia (Gobierno de Australia Occidental, 2024). Estrategias gubernamentales como la «Battery & Critical Minerals Strategy 2024» de Australia Occidental priorizan explícitamente ampliar esta capacidad de procesamiento intermedio para capturar mayor valor a nivel doméstico (Gobierno de Australia Occidental, 2024).

No obstante, pese a estos notables progresos en refinación, la utilización industrial downstream dentro de Australia sigue siendo limitada. El país actualmente posee escasa demanda interna en sectores como la fabricación de vehículos eléctricos, baterías o hardware de defensa, que serían consumidores naturales de estos materiales refinados. A diferencia de Estados Unidos, Australia no cuenta con una base automotriz significativa (sus últimas fábricas de autos cerraron en 2017) y posee apenas una incipiente industria local de ensamblaje de baterías (Gobierno de Australia Occidental, 2024). Como resultado, gran parte del material procesado australiano termina exportándose: el hidróxido de litio producido en la zona industrial de Kwinana, cerca de Perth —consolidada como un hub estratégico de procesamiento de minerales críticos y materiales para baterías— se envía a fabricantes asiáticos; los carbonatos de tierras raras desde Kalgoorlie —histórica ciudad minera de Australia Occidental que hoy se ha transformado en un centro clave para nuevos desarrollos de minerales críticos— van a plantas en Malasia u otras instalaciones extranjeras para su separación final en óxidos; y el sulfato de níquel probablemente será exportado para producción catódica en otros países.

Existen algunos esfuerzos emergentes para revertir esta situación. Queensland ha planteado planes para establecer una gigafábrica local de baterías, y al menos una pequeña instalación de ensamblaje de baterías de litio inició operaciones produciendo baterías especializadas para almacenamiento energético (Gobierno de Australia Occidental, 2024). Empresas australianas también están involucradas en alianzas internacionales para suministrar materiales a fábricas extranjeras de vehículos eléctricos. Sin embargo, actualmente la captura downstream de valor agregado en Australia sigue siendo modesta, ya que el país agrega valor mediante la refinación, pero mayoritariamente omite las etapas manufactureras, perdiendo así los productos finales de más alto valor (baterías ensambladas, motores eléctricos y dispositivos tecnológicos avanzados).

Tanto el gobierno australiano como la industria reconocen esta brecha y están explorando maneras de desarrollar industrias downstream adicionales o diferenciar su modelo actual. Una opción estratégica es enfatizar técnicas de procesamiento limpias y sostenibles como factor diferenciador, alineándose con la creciente demanda global de materiales éticamente responsables. Australia ha implementado sólidos estándares ambientales y de seguridad para sus nuevas refinerías, incluyendo estrictas políticas de reciclaje de agua y gestión de residuos en plantas de litio y asegurando que el procesamiento de tierras raras cumpla con normas de seguridad radiológica (Circulor, 2024).

Adicionalmente, existe creciente interés en la trazabilidad. Empresas australianas están implementando tecnologías piloto como blockchain para certificar que sus minerales críticos poseen baja huella de carbono y provienen de minería responsable. Por ejemplo, un proyecto australiano de níquel utiliza blockchain para trazar la huella de carbono desde la mina hasta la batería (Circulor, 2024). Este énfasis en ESG podría permitir que los productos refinados australianos accedan preferentemente a mercados como Europa, donde la sostenibilidad y la transparencia son altamente valoradas.

Asimismo, Australia invierte en tecnologías limpias de procesamiento mineral. Instituciones de investigación como CSIRO (Commonwealth Scientific and Industrial Research Organisation), frecuentemente apoyadas por fondos gubernamentales, desarrollan métodos innovadores como extracción de litio con bajo uso de ácidos, electrolisis renovable para metales, y procesos avanzados de reciclaje de baterías y tierras raras (Gobierno de Australia Occidental, 2024). Aunque incipientes, estas iniciativas podrían complementar y reforzar significativamente el papel de Australia en cadenas globales sostenibles.

El desafío estratégico fundamental de Australia es decidir hasta dónde avanzar en la cadena de valor a nivel doméstico. Sus fortalezas son claras—reservas minerales de clase mundial, expertícia técnica en minería y capacidad significativa de refinación. Pero la pieza faltante es un gran mercado interno downstream (como vehículos eléctricos o sistemas de defensa) que pueda consumir estos materiales localmente (Gobierno de Australia Occidental, 2024).

La trayectoria estratégica reflejada en documentos gubernamentales propone desarrollar o atraer industrias nicho downstream donde sea viable—por ejemplo, ensamblaje local de baterías para almacenamiento energético o manufactura de componentes para maquinaria minera eléctrica, aprovechando la demanda interna (Gobierno de

Australia Occidental, 2024). De esta manera, Australia no solo pretende extraer y exportar, sino convertirse en líder en adición responsable de valor mineral, incluso si su mercado final doméstico permanece limitado frente a Estados Unidos, la UE o China.

En definitiva, la capacidad real australiana radica en su sólido sector midstream: puede refinar a gran escala y hacerlo sosteniblemente. El siguiente paso clave será definir cuánto de ese material refinado puede incorporarse a ecosistemas manufactureros locales. Por ahora, Australia se posiciona como proveedor confiable: minerales de alta calidad procesados éticamente, abasteciendo industrias globales y actuando como socio clave en la alianza minera occidental.

Estados Unidos: fortaleciendo su cadena de minerales críticos con propósito integral

En 2025, Estados Unidos ha dado un giro sustantivo en su política minera, ampliando su enfoque más allá de la transición energética para tratar a los minerales críticos como un activo transversal a toda su arquitectura productiva, tecnológica y de defensa nacional (U.S. Geological Survey [USGS], 2025). Este cambio de paradigma implica dejar de concebir la minería estratégica únicamente como un insumo para baterías y energías limpias —visión dominante desde la promulgación de la Ley de Reducción de la Inflación (IRA) en 2022— para integrarla en una estrategia industrial más amplia, donde los recursos minerales se consideran parte inseparable de la seguridad económica y geopolítica del país. La nueva agenda reconoce que insumos como el litio, las tierras raras, el níquel, el cobalto, el cobre o el escandio no solo son esenciales para la producción de baterías y la movilidad eléctrica, sino que constituyen la base material de sectores de alto valor agregado y alto impacto estratégico, como los semiconductores, los sistemas de telecomunicaciones, la inteligencia artificial, la industria aeroespacial y las aplicaciones militares avanzadas (Council on Foreign Relations [CFR], 2025). Esta visión coloca a los minerales críticos al mismo nivel que otros activos estratégicos —como la infraestructura energética o los sistemas de defensa— y reconoce que su disponibilidad estable y trazable es una condición indispensable para sostener la competitividad tecnológica, el liderazgo industrial y la superioridad militar de Estados Unidos en un escenario global cada vez más fragmentado y competitivo.

En el plano institucional, se ha implementado un mecanismo acelerado de permisos para proyectos estratégicos en tierras federales, diseñado para acortar sustancialmente los plazos de evaluación ambiental y autorización administrativa que históricamente han sido uno de los principales cuellos de botella del desarrollo minero en Estados Unidos (White House, 2025a). Este procedimiento prioritario no solo agiliza la tramitación de nuevas minas, sino que también permite que proyectos ya en etapa avanzada reciban un tratamiento especial, garantizando que recursos críticos puedan incorporarse a la cadena de suministro en plazos competitivos frente a otras potencias mineras. A ello se suma el uso ampliado de la Defense Production Act (DPA), una herramienta legal tradicionalmente vinculada a contextos de guerra o emergencias nacionales, que ahora se aplica para financiar y facilitar la puesta en marcha de operaciones mineras y de procesamiento consideradas vitales para la seguridad nacional. Su alcance incluye tanto inversiones directas como garantías de compra, lo que reduce el riesgo para los inversores privados y acorta el tiempo entre la exploración y la producción comercial.

Esta nueva arquitectura regulatoria se refuerza con la creación del National Energy Dominance Council (NEDC), un órgano de coordinación interagencial que centraliza la interlocución entre las distintas agencias federales, estatales y locales involucradas en la aprobación y supervisión de proyectos de minerales críticos (Deloitte, 2025). El NEDC no solo busca evitar duplicidades burocráticas, sino también establecer prioridades estratégicas comunes, facilitar el intercambio de información técnica y asegurar que las decisiones regulatorias estén alineadas con los objetivos geopolíticos e industriales del país. En conjunto, estas medidas representan un paso hacia un modelo de gobernanza minera más integrado y proactivo, capaz de responder con mayor agilidad a la creciente competencia internacional por el control de las cadenas de suministro de minerales estratégicos.

El cambio más significativo de 2025 se produjo en el plano financiero y marcó un precedente histórico: por primera vez en la historia reciente, el Departamento de Defensa de Estados Unidos asumió una participación accionaria directa en una compañía minera (MP Materials, 2025; Bipartisan Policy Center, 2025). Esta decisión rompe con décadas de política industrial basada en el principio de que el Estado actúa como regulador y facilitador, pero no como propietario de activos productivos en minería. A través de un acuerdo con MP Materials —operadora del complejo de Mountain Pass, la única mina de tierras raras de escala industrial en Estados Unidos—, el gobierno federal aseguró un control más estrecho sobre toda la cadena de valor que conduce a la producción de imanes permanentes, insumo crítico para sectores que abarcan desde turbinas eólicas y motores de vehículos eléctricos hasta sistemas de guiado, radares y armamento de precisión en defensa nacional.

El acuerdo no se limita a la compra de participación accionaria: incluye compromisos de inversión pública que superan los 500 millones de dólares destinados a proyectos de extracción, procesamiento y manufactura de productos derivados de minerales críticos. Estos fondos permiten acelerar la construcción de instalaciones de separación de tierras raras pesadas y ligeras, un segmento históricamente dominado por China, así como reducir riesgos para la inversión privada mediante contratos de compra garantizada a largo plazo. Además, el paquete contempla programas específicos como el destinado a desarrollar la primera cadena de suministro doméstica de escandio en Nebraska, un mineral con aplicaciones de alto valor en aleaciones ligeras para la industria aeroespacial y en componentes estructurales sometidos a condiciones extremas (U.S. Geological Survey [USGS], 2025).

Esta participación directa del Estado en un activo minero no solo representa un cambio de escala en la política industrial estadounidense, sino que también envía una señal geopolítica clara: el gobierno está dispuesto a intervenir de manera activa y estructural para garantizar el acceso estable a insumos que considera fundamentales para su seguridad tecnológica, energética y militar. En un contexto global donde las cadenas de suministro de minerales críticos se han convertido en un terreno de competencia estratégica, este movimiento posiciona a Estados Unidos no solo como consumidor y regulador, sino como actor productivo y accionista en sectores clave de su economía material.

La estrategia no se limita a la extracción primaria. En 2025, el U.S. Geological Survey (USGS) puso en marcha un programa nacional para identificar y recuperar minerales críticos a partir de relaves, depósitos secundarios y minas abandonadas, financiado mediante la Bipartisan Infrastructure Law (USGS, 2025). Este programa parte de un diagnóstico claro: una parte significativa de los minerales estratégicos que Estados Unidos necesita para su industria y defensa ya se encuentra en materiales previamente extraídos, pero que no fueron procesados con las tecnologías actuales o cuyo valor era marginal en el momento de su extracción. La revalorización de estos residuos no solo reduce la dependencia de nuevas explotaciones en zonas ambiental o socialmente sensibles, sino que también ofrece una vía de bajo impacto ambiental para incrementar el suministro nacional. En términos prácticos, recuperar minerales desde relaves y pasivos mineros significa transformar pasivos ambientales en activos estratégicos, alineando así política industrial y remediación ambiental.

Esta búsqueda de fuentes alternativas se complementa con la incorporación de tecnologías de inteligencia artificial en las fases de exploración y gestión logística (Business Insider, 2025). Estas herramientas permiten procesar grandes volúmenes de datos geológicos, geoquímicos y satelitales para identificar patrones y anomalías que podrían indicar la presencia de depósitos minerales, reduciendo drásticamente los tiempos y costos asociados a la prospección tradicional. En la logística, la IA optimiza el transporte y la distribución de materiales, priorizando rutas y métodos que maximizan la eficiencia energética y minimizan el riesgo de interrupciones en la cadena de suministro.

En paralelo, una nueva orden ejecutiva emitida en abril de 2025 abrió la puerta a la exploración de recursos minerales en el lecho marino dentro de la jurisdicción estadounidense (White House, 2025b). La medida busca ampliar el espectro de abastecimiento en minerales como níquel, cobalto y tierras raras, presentes en nódulos polimetálicos y costras de ferromanganeso situadas a profundidades que hasta hace pocos años resultaban técnica y económicamente inviables. Aunque la minería submarina presenta desafíos regulatorios y medioambientales significativos, el objetivo de esta apertura es desarrollar capacidades científicas y tecnológicas que permitan evaluar con precisión el potencial de estos recursos, al tiempo que se establecen estándares de extracción responsable que podrían servir como referencia internacional. En conjunto, estas iniciativas proyectan un modelo de abastecimiento más diversificado y resiliente, que combina recuperación secundaria, innovación tecnológica y exploración de nuevos dominios geológicos.

Los avances registrados en 2025 incluyen hitos que no se veían en décadas y que reconfiguran el mapa de la minería estratégica en Estados Unidos. Uno de los más destacados es el descubrimiento del yacimiento Brook Mine en Wyoming —el primero de tierras raras identificado en más de 70 años—, un hallazgo que rompe con la prolongada ausencia de nuevos depósitos significativos de este tipo en el país (U.S. Geological Survey [USGS], 2025). Las estimaciones iniciales indican que podría abastecer entre un 3% y un 5% de la demanda nacional de imanes permanentes, un componente crítico no solo para la transición energética —en turbinas eólicas o vehículos eléctricos— sino también para aplicaciones de alta tecnología y defensa, como radares, sistemas de guiado y motores de precisión. Su relevancia radica en que los imanes de tierras raras son uno de los segmentos más sensibles de la cadena de suministro global, históricamente dominado por China, lo que convierte a

Brook Mine en una pieza estratégica para la seguridad industrial y geopolítica estadounidense.

En paralelo, el complejo de Mountain Pass, ubicado en California y actualmente el único productor de tierras raras de escala industrial en Estados Unidos, continúa expandiendo su capacidad de procesamiento (MP Materials, 2025). Este esfuerzo busca cerrar la brecha que ha obligado durante décadas a exportar concentrados para su separación y refinado en el extranjero, un eslabón crítico que hasta ahora mantenía al país vulnerable frente a interrupciones externas. Con las inversiones de 2025, el complejo avanza hacia la capacidad de separar tanto tierras raras ligeras como pesadas dentro del territorio nacional, reduciendo así la dependencia tecnológica y fortaleciendo la resiliencia de las cadenas de valor que abastecen a las industrias más avanzadas.

Al mismo tiempo, se están construyendo nuevas plantas de reciclaje avanzado de baterías, concebidas para recuperar litio, níquel y cobalto a partir de baterías al final de su vida útil (U.S. Department of Energy [DOE], 2025). Estas instalaciones no solo permiten reducir la presión sobre nuevas explotaciones mineras, sino que también integran a la economía estadounidense en un modelo circular que combina minería primaria, procesamiento local y recuperación de materiales estratégicos. Este enfoque disminuye la huella ambiental, asegura un flujo constante de insumos críticos y complementa la producción minera con fuentes secundarias, consolidando un ciclo productivo más seguro, diversificado y sostenible. En conjunto, la activación simultánea de nuevos yacimientos, la expansión de capacidades de procesamiento doméstico y la incorporación del reciclaje avanzado representan un salto cualitativo en la estrategia de independencia mineral de Estados Unidos, alineando la producción con sus objetivos industriales, ambientales y de seguridad nacional.

Esta secuencia de acciones refleja un cambio de escala en la forma en que Estados Unidos concibe su seguridad material y redefine el papel de la minería dentro de su arquitectura estratégica. Bajo el gobierno de Donald Trump en 2025, la política minera ha dejado de estar vinculada exclusivamente al relato "verde" —centrado en la transición energética y la movilidad eléctrica— para integrarse en una política industrial de amplio espectro, donde los minerales críticos son tratados como un insumo vital para el conjunto de la economía nacional, la innovación tecnológica y la seguridad de defensa. Este giro se traduce en medidas más agresivas en términos de agilización regulatoria, inversión pública directa, uso de instrumentos como la Defense Production Act y apertura de nuevas fronteras de abastecimiento, incluyendo el reciclaje avanzado, la recuperación desde pasivos mineros y la exploración de recursos marinos.

La administración Trump ha apostado por un enfoque que combina velocidad de ejecución con una lectura geopolítica explícita: asegurar que la cadena de suministro de minerales críticos —desde la extracción hasta el procesamiento y la manufactura final— se consolide dentro de Estados Unidos o en territorios de aliados estratégicos, reduciendo así la exposición a interrupciones controladas por rivales geopolíticos, en particular China. En este marco, la participación accionaria del Departamento de Defensa en MP Materials, las inversiones multimillonarias en proyectos estratégicos y el impulso de programas para recuperar minerales desde fuentes secundarias son presentados como hitos fundacionales de una nueva etapa en la política industrial estadounidense.

Si esta tendencia se mantiene, el país no solo reducirá su dependencia externa, sino que también reforzará su posición como pilar de la alianza minera occidental, aportando una base material robusta a la cooperación con socios como Canadá, Australia y la Unión Europea. En un escenario global marcado por la competencia tecnológica, la fragmentación de cadenas de suministro y la disputa por el control de recursos estratégicos, este nuevo modelo —más intervencionista, más ágil y más orientado a la autosuficiencia— podría convertirse en la piedra angular de la capacidad estadounidense para sostener su liderazgo económico y geopolítico en las próximas décadas.

. . .

Unión Europea: de la transición verde a la seguridad estratégica integral

En 2025, la Unión Europea (UE) ha redefinido su aproximación a los minerales críticos, pasando de tratarlos principalmente como insumos para la transición energética a concebirlos como un pilar de su autonomía estratégica y de su seguridad económica y geopolítica (European Commission, 2025). Este reposicionamiento se produce en un contexto de creciente competencia internacional, tensiones comerciales y vulnerabilidades expuestas en cadenas de suministro esenciales durante la última década. Bruselas reconoce que litio, tierras raras, níquel, cobalto, cobre y grafito son tan esenciales para baterías y energías renovables como para la industria aeroespacial, las telecomunicaciones, la fabricación de semiconductores, la inteligencia artificial y la defensa. Esta nueva lectura política y técnica coloca a los minerales críticos al mismo nivel que la energía, la ciberseguridad o la infraestructura estratégica, y asume que su abastecimiento seguro es un asunto de interés común para todo el bloque.

La dimensión geopolítica de esta agenda es más visible que nunca. En 2025, la UE ha intensificado la firma de asociaciones estratégicas de suministro con países como Canadá, Australia, Namibia y Chile, no solo para diversificar proveedores, sino también para establecer acuerdos de inversión recíproca en procesamiento y trazabilidad. Estos convenios incluyen cláusulas de transparencia, criterios ESG y compromisos de estabilidad contractual, buscando blindar las cadenas de valor europeas frente a interrupciones externas. No se trata únicamente de acuerdos comerciales: incluyen cooperación tecnológica, transferencia de conocimiento, formación de capacidades y compromisos de acceso preferente a mercados para los materiales que cumplan los criterios establecidos. En paralelo, la Comisión ha incorporado evaluaciones sistemáticas de riesgo geopolítico por mineral dentro de su *Economic Security Package*, herramienta que orienta tanto las inversiones como las decisiones regulatorias en función de la vulnerabilidad de cada cadena y que marca un cambio de enfoque: los minerales críticos se evalúan ahora como activos estratégicos, no solo como materias primas industriales.

Este giro se materializa en varios frentes. En el plano regulatorio, la entrada en vigor del *Critical Raw Materials Act* (CRMA) en 2025 ha fijado objetivos vinculantes para reducir la dependencia externa: al menos un 10% de la extracción, un 40% del procesamiento y un 25% del reciclaje de los minerales críticos consumidos en la UE deberán realizarse dentro del bloque antes de 2030 (European Commission, 2025). La ley establece plazos máximos para la aprobación de proyectos estratégicos —27 meses para minas, 15 meses para plantas de procesamiento— y crea la categoría de "Proyectos de Interés Estratégico Europeo", que reciben trato prioritario y acceso facilitado al financiamiento del Banco Europeo de Inversiones. Además, por primera vez, el CRMA habilita mecanismos para iniciar reservas estratégicas de determinados minerales de alto riesgo, siguiendo modelos ya implantados por Japón y evaluados en EE.UU.

En el plano industrial, 2025 marca el inicio de proyectos que buscan cerrar el ciclo productivo dentro de Europa. Alemania lidera con el proyecto de Vulcan Energy en el Valle del Alto Rin, que extrae litio de salmueras geotérmicas y aspira a producir hidróxido de litio con huella de carbono cero, respaldado con 104 millones de euros en fondos públicos. Finlandia avanza con la planta de Terrafame, especializada en sulfato de níquel y cobalto mediante biolixiviación. Suecia y Francia desarrollan tecnologías piloto para la separación limpia de tierras raras, mientras Estonia moderniza la histórica planta de Silmet para ajustarse a estándares ambientales europeos (European Commission, 2025; International Energy Agency [IEA], 2025). También se han inaugurado nuevas refinerías para procesar concentrados importados, como la de Rock Tech Lithium en Alemania, que trabajará con material procedente de Canadá, cerrando un eslabón crítico que históricamente estaba externalizado.

En el plano tecnológico y circular, la UE refuerza su apuesta por la trazabilidad y la recuperación avanzada. La Regulación de Baterías, en vigor desde 2025, exige que toda batería comercializada incluya un pasaporte digital con información certificada sobre su composición, origen y huella de carbono, utilizando tecnologías como blockchain (Circularise, 2025). Esta medida sitúa a la UE como pionera global en trazabilidad obligatoria para minerales usados en baterías, estableciendo un estándar que podría influir en regulaciones internacionales. Al mismo tiempo, se amplía la capacidad de reciclaje con plantas operadas por Umicore, Northvolt y otras firmas, aunque todavía insuficiente para satisfacer la demanda. Los objetivos para 2030 incluyen tasas obligatorias de recuperación de litio, cobalto y níquel, reduciendo la dependencia de la extracción primaria en terceros países.

Pese a estos avances, persisten vulnerabilidades estructurales que condicionan la capacidad de la UE para ejecutar su nueva estrategia con la velocidad que demanda el contexto global. La producción minera interna sigue siendo reducida, tanto en volumen como en diversidad de minerales, lo que obliga a depender de terceros países para el suministro inicial de la mayoría de las materias primas críticas (IEA, 2025). Incluso en los casos en que existen reservas —como en litio, tungsteno o tierras raras—, los proyectos enfrentan largos plazos de desarrollo, resistencias sociales y procedimientos regulatorios complejos que retrasan su entrada en producción.

La refinación inicial de buena parte de las materias primas continúa realizándose fuera del bloque, en países que controlan etapas estratégicas de la cadena, como China, Malasia o Sudáfrica. Esto genera un cuello de botella estructural: aunque la UE pueda importar concentrados o minerales en bruto, la dependencia externa en su transformación limita el control sobre la trazabilidad, incrementa la exposición a disrupciones logísticas o restricciones comerciales, y debilita la capacidad de negociación en el mercado global.

Además, los estándares ambientales y sociales europeos, que constituyen un activo reputacional y un elemento diferenciador frente a productores de bajo coste, implican costes operativos y de cumplimiento más elevados. Estos incluyen tecnologías de procesamiento menos contaminantes, gestión integral de residuos, reducción de huella de carbono y exigencias laborales estrictas. Aunque este enfoque posiciona a la UE como referente de minería responsable, también puede limitar su competitividad en mercados donde el factor precio sigue predominando sobre la trazabilidad o la sostenibilidad.

No obstante, este mismo marco normativo puede convertirse en una ventaja estratégica en un escenario donde la trazabilidad y el cumplimiento ESG se transforman en requisitos de acceso a mercados premium, como los contratos de suministro con fabricantes de vehículos eléctricos en Norteamérica o acuerdos gubernamentales con países que priorizan criterios de sostenibilidad. La clave estará en traducir este activo reputacional en un valor económico tangible, asegurando que la industria europea pueda capitalizar la confianza que generan sus altos estándares para acceder a segmentos de mercado dispuestos a pagar por ello y para liderar la definición de normas internacionales.

El cambio de 2025 representa, por tanto, un paso decidido hacia una política de minerales críticos concebida como defensa económica colectiva, donde el abastecimiento estable y trazable de insumos estratégicos se entiende como una condición para preservar la competitividad, la cohesión social y la seguridad del bloque. La UE ya no se limita a liderar en tecnología limpia o a promover estándares ambientales de referencia: aspira a asegurar que la base material que sustenta su industria y su capacidad de innovación sea segura, diversificada y, en la medida de lo posible, controlada dentro de un marco propio. Esto implica no solo desarrollar proyectos internos, sino tejer una red de alianzas estratégicas que funcione como un escudo geopolítico frente a dependencias excesivas de actores no alineados con sus principios políticos y regulatorios.

El desafío, sin embargo, es doble. Por un lado, requiere movilizar inversiones de escala que permitan cerrar rápidamente las brechas en extracción, procesamiento y reciclaje, evitando que las etapas de mayor valor agregado continúen concentradas fuera del bloque. Por otro, demanda una cooperación estrecha con socios estratégicos —como Canadá, Australia, Chile o Namibia— para compartir tecnología, coordinar estándares y asegurar cadenas de suministro resilientes y éticas. Si la UE logra combinar su fortaleza regulatoria con capacidad de ejecución industrial y diplomacia económica activa, podría evolucionar de actor dependiente a referente global en el suministro ético y sostenible de minerales críticos, influyendo incluso en la definición de normas internacionales y en el trazado de nuevas reglas de comercio para estos insumos.

No obstante, como en el caso de Estados Unidos, la velocidad de implementación será decisiva. En la nueva economía de los recursos estratégicos, la ventaja no la obtiene únicamente quien diseña las políticas más ambiciosas, sino quien logra convertirlas en proyectos operativos en el menor tiempo posible. La competencia internacional por los minerales críticos ya no se mide en horizontes de décadas: se decide en ciclos de inversión cada vez más cortos, donde el acceso temprano a proyectos productivos, acuerdos de suministro o instalaciones de procesamiento puede asegurar una posición dominante durante años. En este contexto, los plazos marcan la diferencia entre liderar o depender, y cualquier demora en permisos, financiación o ejecución de infraestructura puede dejar espacio para que otros actores ocupen el lugar que la UE aspira a consolidar.

La ventana de oportunidad para afianzar este nuevo modelo se está estrechando con rapidez, impulsada por tres factores convergentes: la aceleración de las inversiones chinas en países productores, el despliegue de incentivos masivos en Estados Unidos y la creciente competencia de economías emergentes que buscan convertirse en nodos de procesamiento regional. Si la UE no logra traducir sus marcos regulatorios y alianzas estratégicas en resultados tangibles a escala industrial antes de que estas cadenas queden consolidadas, corre el riesgo de que sus ambiciones estratégicas se vean subordinadas a proveedores externos que ya se están posicionando agresivamente en el mapa global de los minerales críticos.

En un mundo donde la capacidad de influir sobre las normas y estándares depende cada vez más de controlar flujos materiales reales, no basta con fijar objetivos o establecer regulaciones pioneras: es necesario materializarlos en capacidad instalada, contratos de suministro y presencia en toda la cadena de valor. El verdadero reto para la UE será, por tanto, pasar de una estrategia que hoy es sólida en el papel a un despliegue industrial y diplomático que se mueva al ritmo —o más rápido— que el de sus competidores.

Preguntas abiertas para un nuevo orden

Este análisis nos invita a reflexionar sobre los escenarios inéditos que están emergiendo en el nuevo orden minero global. En este contexto, cabe preguntarse hasta qué punto podría transformarse el modelo capitalista occidental si los Estados adoptan un papel más activo, acompañando estratégicamente a sus industrias mineras tal como lo hace China. Quizás estamos avanzando hacia modelos híbridos, donde el Estado ya no se limita exclusivamente a regular, sino que participa directamente en el impulso y protección de sectores estratégicos clave para la seguridad tecnológica, energética y económica.

Asimismo, esta evolución plantea dudas sobre si las grandes empresas multinacionales occidentales podrán mantener por sí solas una estrategia geopolítica minera efectiva, o si requieren inevitablemente de un apoyo gubernamental más explícito para competir en igualdad de condiciones frente al modelo estatal integrado que ha llevado a China a su posición actual de dominio. Esto implica repensar profundamente las relaciones entre el sector privado y el sector público, redefiniendo cómo se articulan las estrategias mineras en Occidente.

En paralelo, surge preocupación sobre el futuro de empresas medianas y pequeñas, especialmente las empresas mineras junior, es decir, compañías de exploración o en etapa temprana sin operaciones productivas consolidadas. En un entorno competitivo marcado por crecientes exigencias de integración vertical, respaldo financiero sólido y apoyo estratégico estatal, estas compañías enfrentan desafíos existenciales que podrían amenazar su viabilidad si no logran adaptarse rápidamente a las nuevas condiciones del mercado.

Finalmente, queda claro que si Occidente no consigue modernizar y agilizar significativamente sus estructuras regulatorias internas, podría ser difícil reducir de manera efectiva su dependencia de cadenas de suministro dominadas por otras potencias, particularmente China.

Hacia un nuevo modelo minero estratégico y narrativo

Responder a la pregunta que abre este capítulo —¿qué pasó con la minería en Occidente?— exige reconocer que las debilidades actuales no son el resultado de una única causa, sino de un entramado de factores regulatorios, financieros, sociales y culturales que se han acumulado con el tiempo. Sin embargo, nuestro análisis sugiere que estos desafíos no son barreras infranqueables, sino claras oportunidades para renovar profundamente una industria estratégica. Estos retos son resultado de decisiones y valores cultivados por la sociedad occidental durante décadas, y precisamente por ello, pueden evolucionar. Lejos de representar una crisis definitiva, el contexto actual ofrece una ventana única para explorar nuevos caminos, fortaleciendo la posición minera occidental desde una perspectiva fresca, creativa y estratégica.

Esta tarea comienza por reconocer que el contexto global ha cambiado radicalmente. Las políticas tradicionales, aunque válidas en otro tiempo, necesitan ajustarse a una realidad dinámica impulsada por la transformación tecnológica, climática y geopolítica. Este reconocimiento no implica una crítica al pasado, sino una invitación entusiasta a enfrentar el futuro con innovación, visión estratégica y apertura mental.

En primer lugar, es indispensable repensar el marco regulatorio minero occidental, no para debilitarlo, sino para volverlo más ágil, eficiente y enfocado estratégicamente. Los procesos burocráticos deben simplificarse, los plazos deben ser claros y previsibles, y las instituciones deben recibir recursos adecuados para realizar revisiones rigurosas y oportunas. La velocidad no tiene por qué estar reñida con altos estándares ambientales y sociales; ambas dimensiones pueden y deben avanzar en paralelo para favorecer proyectos estratégicos sólidos y sostenibles.

En segundo lugar, Occidente tiene la oportunidad de abrazar decididamente una estrategia explícita de inversión y colaboración público-privada en minerales críticos. Utilizar herramientas financieras que reduzcan la incertidumbre y apoyar proyectos mineros con estándares ambientales y sociales elevados no es solo ético, sino también económicamente inteligente y estratégicamente indispensable. Ya existen precedentes exitosos en otros sectores estratégicos—como la biotecnología o los semiconductores—, que demuestran claramente que una visión estratégica de largo plazo puede ser implementada con éxito.

En tercer lugar, es fundamental renovar el contrato social en torno a la minería. Las comunidades deben sentirse protagonistas del desarrollo minero, no simples espectadoras. Distribuir equitativamente los beneficios económicos y sociales desde el inicio es clave para construir legitimidad sostenible. Pero sobre todo, es esencial transformar profundamente la narrativa pública predominante. Durante demasiado tiempo, la minería ha sido percibida como un "mal necesario", una actividad perteneciente al pasado e incompatible con los valores actuales de sostenibilidad e innovación. Este relato ha generado una desconexión profunda entre la sociedad y la minería formal, dificultando atraer inversión, talento joven y apoyo social genuino.

Cambiar esta percepción no implica simplemente redefinir el discurso, sino demostrar en la práctica que la minería puede ser un motor fundamental para la transición energética, la innovación tecnológica y la autonomía estratégica. Este esfuerzo debe acompañarse también por una renovación educativa, permitiendo que las nuevas generaciones reconozcan en la minería un sector moderno, tecnológico y alineado con los valores del siglo XXI.

Ciertamente, ninguno de estos cambios ocurrirá instantáneamente, pero todos ellos son viables y estratégicamente necesarios. El camino hacia una minería moderna, legítima y resiliente está abierto, siempre que Occidente actúe con decisión, visión estratégica y coherencia entre discurso y acción. No se trata de copiar modelos externos ni sacrificar principios fundamentales, sino de reconocer con humildad las áreas de mejora y aprovechar plenamente fortalezas propias como la innovación tecnológica, la solidez institucional y la cohesión social.

Sin embargo, todos estos esfuerzos serán insuficientes sin abordar explícitamente el desafío simbólico y narrativo que enfrenta la minería. Más allá de los obstáculos técnicos o financieros, Occidente debe resolver un vacío fundamental en el relato público que rodea a la industria minera formal. Durante demasiado tiempo, la minería ha quedado atrapada en un imaginario social que la asocia únicamente con impactos negativos. Esta narrativa limitante ha afectado su legitimidad pública, generando dificultades reales para su desarrollo estratégico.

Por eso, redefinir la narrativa minera no es solo un asunto comunicacional, sino una cuestión de soberanía estratégica. Es la forma en que una sociedad decide cuáles sectores considera esenciales, qué actividades merecen protección y cómo visualiza su propio desarrollo y bienestar futuro. En el nuevo orden geopolítico minero, la narrativa emerge como una herramienta poderosa de influencia, capaz de generar legitimidad y respaldo sostenido. Occidente necesita reconstruir urgentemente el sentido público de la minería formal, vinculándola directamente con autonomía energética, innovación tecnológica, cohesión territorial y seguridad democrática. Esta nueva narrativa debe posicionar a la minería claramente como lo que es: una piedra angular del bienestar colectivo y un componente estratégico indispensable para un futuro limpio, próspero y seguro.

En definitiva, los desafíos descritos en este capítulo no constituyen señales de fracaso, sino un llamado constructivo a la acción estratégica. Occidente tiene todos los elementos necesarios para liderar en este nuevo orden minero geopolítico, pero para lograrlo deberá abrazar con convicción la innovación institucional, estratégica y simbólica. Este no es el momento de lamentar oportunidades pasadas, sino de avanzar decididamente hacia las oportunidades emergentes. La minería tradicional ha quedado atrás, pero una nueva minería estratégica, tecnológica y socialmente legítima está naciendo y puede fortalecerse decididamente si Occidente acepta este reto.

La vieja minería está muerta. Larga vida a la minería geopolítica.

CUATRO

¿Qué rol juega realmente América Latina en esta disputa global por los minerales?

La minería dejó de ser una actividad técnica secundaria y se convirtió en un eje estratégico de la geopolítica global. La anticipación estratégica de China, la respuesta acelerada de Occidente y la reconfiguración del mapa mundial de minerales críticos colocan ahora a América Latina en el centro de un tablero altamente competitivo. Pero, ¿qué rol juega realmente la región en esta disputa global?

Desde fuera, América Latina parece homogénea: un territorio uniforme, rico y estratégicamente indispensable. Sin embargo, desde dentro, emerge una realidad diferente. América Latina no es un bloque único, sino un mosaico de países que, pese a compartir una geología privilegiada, enfrentan profundas diferencias políticas e institucionales que determinan su capacidad real de aprovechar esta riqueza. Esta paradoja—abundancia mineral combinada con fragmentación política—es precisamente lo que convierte a la región en un escenario clave para entender las nuevas reglas del juego minero global.

América Latina posee reservas extraordinarias de litio, cobre, grafito, níquel, tierras raras y otros minerales estratégicos indispensables para la transición energética, la revolución tecnológica y la nueva era de seguridad internacional (USGS, 2025). Pero estas reservas solo representan potencial. La verdadera ventaja competitiva no reside únicamente en cuántos minerales tiene un país, sino en cómo los gobierna, regula y transforma en influencia estratégica. Son las instituciones, las decisiones políticas y la ejecución eficiente —más que los recursos naturales— las que hoy definen quién se posiciona con fuerza y quién permanece rezagado.

Este capítulo explora cómo distintos países latinoamericanos están tomando decisiones estratégicas diversas para enfrentar esta nueva realidad geopolítica. No busca imponer un modelo ideal, sino observar críticamente los distintos caminos que cada nación está eligiendo para administrar sus recursos minerales. Algunos países avanzan decididamente hacia la industrialización integrada, mientras otros permanecen atrapados en debates internos. Algunos construyen legitimidad social mediante marcos regulatorios claros, mientras otros enfrentan conflictos territoriales que ralentizan inversiones clave.

En América Latina, la minería dejó de ser una cuestión meramente técnica. Es hoy un reflejo de dinámicas políticas profundas, una ecuación compleja donde confluyen actores internacionales, gobiernos locales, comunidades indígenas, inversionistas globales y organizaciones ambientales. Y es precisamente esta complejidad lo que convierte a la región en un termómetro revelador de cómo se negocia, regula y redefine el futuro estratégico de los minerales críticos.

La pregunta clave para avanzar en este capítulo es: ¿Cómo están manejando realmente los países latinoamericanos la tensión entre su riqueza mineral, sus desafíos institucionales internos, y la presión geopolítica externa por minerales estratégicos?

Este interrogante guía el análisis país por país, mostrando que lo determinante para el futuro minero de América Latina no será solo la abundancia geológica, sino la capacidad institucional, política y estratégica para transformar esta riqueza en verdadera influencia global.

América Latina no es un bloque: fragmentación estructural

Desde afuera, América Latina suele percibirse como un bloque homogéneo, una región rica en recursos que podría fácilmente convertirse en potencia estratégica. Pero la realidad interna es profundamente distinta. En la práctica, no existe una estrategia minera regional unificada, ni una visión compartida sobre cómo transformar la abundancia de minerales en poder real. Cada país ha desarrollado su propio enfoque, moldeado por sus dinámicas políticas, su historia institucional y sus prioridades nacionales. Mientras algunos gobiernos apuestan por modelos abiertos que atraen inversión con rapidez, otros prefieren estrategias de control estatal más cautelosas y lentas. Algunos países priorizan la legitimidad social, otros la eficiencia operativa.

Lo que sigue en este capítulo es un recorrido estratégico por esas diferencias. Una cartografía política de la minería en América Latina, donde el denominador común no es la unidad, sino la diversidad de caminos adoptados por cada nación para insertarse en el nuevo orden minero global.

Argentina: Entre la oportunidad y la urgencia

Durante años, Argentina fue un país con una geología prometedora y una política impredecible. Con grandes reservas de litio y cobre, el país aparecía consistentemente en los mapas de las principales consultoras internacionales, pero quedaba rezagado respecto de sus vecinos debido a factores que iban más allá del subsuelo. Mientras Chile consolidaba un modelo mixto con fuerte liderazgo estatal y Perú apostaba por una apertura agresiva al capital privado, Argentina permanecía atrapada en una paradoja estructural: deseaba atraer inversiones sin resolver plenamente los factores institucionales que las alejaban.

Esta paradoja comenzó a romperse en 2024, con un giro político inesperado. La llegada de Javier Milei trajo consigo una agenda reformista y disruptiva, cuyo núcleo estratégico es el *Régimen de Incentivo a Grandes Inversiones* (RIGI), diseñado específicamente para reposicionar a Argentina como un destino confiable para la inversión minera global. Esta vez, no solo como un país con potencial, sino como un actor concreto y atractivo.

El RIGI va más allá de un simple paquete de incentivos. Es una apuesta institucional para estabilizar reglas, ofrecer garantías fiscales y aduaneras, reducir la carga burocrática y permitir arbitrajes internacionales claros. También es una señal inequívoca: el Estado argentino comprende que, en un mundo donde los minerales críticos son activos estratégicos esenciales, el tiempo es un recurso escaso. Las provincias seguirán siendo titulares de los recursos, pero el gobierno central busca generar un entorno propicio para que el capital fluya, permanezca y transforme.

Esta combinación de federalismo constitucional y apertura económica genera un modelo singular. Las provincias mantienen control territorial sobre los recursos, mientras que el régimen nacional ofrece una plataforma inédita de impulso. En julio de 2024, se aprobaron los primeros grandes proyectos bajo el marco del RIGI, incluyendo la expansión de Galan Lithium y un ambicioso proyecto de Rio Tinto en Salta. En 2025, la minera australiana BHP regresó oficialmente al país después de décadas, asociándose con Lundin para desarrollar dos importantes depósitos de cobre en San Juan.

Detrás de este nuevo impulso, sin embargo, subsisten preguntas estratégicas abiertas. ¿Puede un marco fiscal atractivo compensar la histórica volatilidad macroeconómica del país? ¿Son suficientes estos incentivos ante una infraestructura aún precaria y marcos ambientales fragmentados por jurisdicciones provinciales diversas? ¿Qué margen real tiene Argentina para sostener estabilidad regulatoria en un contexto político permanentemente sujeto a cambios?

La apuesta estratégica es clara: Argentina busca dejar atrás su condición de promesa y posicionarse como actor relevante en la minería global. En litio ya avanza rápidamente, y en cobre proyecta ingresar al top 10 mundial hacia fines de esta década. El RIGI representa la palanca principal para acelerar este salto. Pero lo que realmente está en juego no es solo atraer capital, sino construir una nueva narrativa minera para el país: una narrativa basada en acciones concretas, estabilidad institucional, trazabilidad operativa y acceso confiable al recurso geológico en una era marcada por la fragmentación global.

No obstante, el camino hacia esta nueva narrativa no está exento de fricciones. En la provincia de Jujuy, las tensiones territoriales y las demandas relacionadas al derecho a la consulta previa se han intensificado considerablemente. En abril de 2024, organizaciones internacionales como la Federación Internacional por los Derechos Humanos (FIDH), la Asociación Interamericana para la Defensa del Ambiente (AIDA) y la Fundación Ambiente y Recursos Naturales (FARN) denunciaron que la reforma constitucional provincial y la rápida expansión del litio avanzaban sin respetar plenamente los derechos indígenas establecidos en el Convenio 169 de la Organización Internacional del Trabajo (OIT) (FIDH et al., 2024). En marzo de 2025, el Banco Mundial suspendió un estudio hidrogeológico en Salinas Grandes y Laguna de Guayatayoc, respondiendo a solicitudes formales presentadas por 38 comunidades indígenas, preocupadas por el potencial impacto ambiental y la falta de consulta previa adecuada. Este hecho mostró claramente que la licencia social ya no es únicamente una cuestión local, sino un elemento fundamental de legitimidad global (Página/12, 2025).

Estas tensiones permanecen abiertas. No constituyen un obstáculo pasajero ni un episodio aislado, sino que son elementos estructurales de un modelo minero que combina descentralización provincial, presión internacional creciente y una sociedad civil cada vez más organizada. En este contexto, cada nuevo proyecto minero se convierte en una prueba institucional decisiva; cada omisión en la gestión se transforma en una señal observada atentamente por actores externos.

Argentina no representa, por tanto, un modelo cerrado ni acabado, sino un proceso en construcción permanente. Su enfoque pragmático, la descentralización operativa, la búsqueda constante de legitimidad social y su voluntad de acelerar inversiones sin perder del todo el control institucional colocan al país como uno de los experimentos estratégicos más observados en América Latina. A diferencia de otras naciones que ya cuentan con una narrativa minera claramente definida, Argentina continúa escribiendo la suya propia. Y precisamente en esta construcción, entre la urgencia económica y la oportunidad geopolítica, radica su mayor desafío… y quizás también su mayor ventaja estratégica.

Chile: Liderazgo en pausa estratégica

Durante décadas, Chile fue sinónimo regional de minería estable, institucional y altamente competitiva. Con el cobre como columna vertebral económica, construyó una reputación global basada en reglas claras, apertura al capital internacional y liderazgo estatal ejercido principalmente por Codelco. Esa arquitectura permitió atraer inversiones sostenidas, lograr niveles récord de producción y consolidar al país como el principal productor mundial de cobre refinado. Esta solidez se refleja también en la reputación de la minería chilena, que de acuerdo con estudios recientes del International Council on Mining and Metals (ICMM, 2024), se encuentra en una posición notablemente más favorable que en otros países latinoamericanos.

Sin embargo, en los últimos años esta estabilidad entró en una transición estratégica deliberada. Bajo el gobierno de Gabriel Boric, Chile inició un rediseño significativo de su modelo minero. No se trata de una ruptura abrupta, sino de un giro estratégico claro: el Estado ya no solo regula, sino que busca participar activamente. La Estrategia Nacional del Litio, anunciada en 2023, marcó ese punto de inflexión. Desde entonces, todos los nuevos proyectos de litio deben contar con participación estatal mayoritaria, ya sea mediante Codelco o ENAMI. El acuerdo entre Codelco y SQM para operar conjuntamente el Salar de Atacama después de 2030 fue la primera expresión concreta de esta nueva dirección (Reuters, 2025).

Chile no ha expropiado ni cerrado puertas al sector privado, pero ha establecido claramente que, en minerales críticos, el Estado tendrá un papel más activo en la captura de renta, la gobernanza estratégica y el valor agregado. Codelco ha sido mandatada a liderar alianzas estratégicas con empresas globales como Rio Tinto, y la "acción dorada" estatal garantiza poder de veto sobre proyectos estratégicos.

Sin embargo, este nuevo rol estatal plantea interrogantes estratégicas relevantes. Codelco, pese a su trayectoria globalmente reconocida, enfrenta desafíos financieros significativos, con niveles de endeudamiento entre los más altos de la industria minera global. Enami, por su parte, históricamente ha operado bajo constantes desafíos de eficiencia operativa y sostenibilidad financiera. Esta realidad genera una pregunta estratégica inevitable: ¿Tienen realmente estas empresas estatales la capacidad técnica, financiera y operacional para liderar eficazmente la ambiciosa estrategia minera nacional? Si bien ambas empresas poseen experiencia histórica en sus respectivos roles, liderar nuevos sectores estratégicos como el litio podría exigir niveles de agilidad financiera, operativa y tecnológica que actualmente no poseen, poniendo en riesgo la velocidad y eficacia de la ejecución del nuevo modelo.

Este desafío institucional se superpone, además, a una significativa reforma fiscal implementada casi en paralelo. En 2023, tras años de debate, se aprobó un nuevo royalty al cobre que elevó la carga tributaria efectiva hasta un 47% para grandes productores. Aunque inicialmente la industria consideró este incremento excesivo, el gobierno introdujo tramos, topes y ciertas compensaciones que generaron un nuevo equilibrio: mayor carga tributaria, pero también mayor previsibilidad. Empresas como BHP, que habían retrasado inversiones, retomaron sus planes al considerar que el nuevo marco, aunque exigente, proporcionaba la claridad necesaria para avanzar (Reuters, 2023).

Paralelamente, en los territorios mineros del norte se intensificaron las tensiones socioambientales. La escasez hídrica obligó a realizar inversiones masivas en plantas desalinizadoras: actualmente, más de un cuarto del agua utilizada en la gran minería chilena proviene del mar. Comunidades indígenas—quechuas, aymaras, atacameñas— han elevado considerablemente sus exigencias sobre el derecho a la consulta previa, particularmente frente a proyectos de litio en ecosistemas sensibles. Aunque estas tensiones no se han traducido en violencia abierta, sí han derivado en procesos judiciales, condicionamientos a los permisos y nuevas exigencias ambientales.

Chile sigue siendo un referente regional, pero ya no avanza automáticamente. Su modelo minero está en transición: de ser el más abierto y liberal de América Latina, ha pasado a ser uno de los más estratégicamente controlados. El desafío estratégico es claro: realizar esta transformación sin perder competitividad. Su ventaja es partir desde una sólida base institucional; su principal riesgo es que un exceso de diseño institucional frene la ejecución concreta.

En el actual tablero global, Chile ya no corre, sino que calcula, observa y rediseña. Pero en un entorno donde las ventanas estratégicas se abren y cierran rápidamente, incluso un país institucionalmente sólido puede quedar rezagado si tarda demasiado en pasar del diseño a la acción concreta. A diferencia de otras naciones de la región que ya definieron claramente una dirección—como Argentina con su modelo pro-inversión acelerado, o Brasil con su enfoque industrial—Chile parece estar aún en una pausa estratégica. No está paralizado, pero tampoco acelera. Su estrategia avanza en términos normativos e institucionales, pero a nivel operativo todavía está calibrando su brújula.

Esta pausa estratégica—que no es inmovilidad, sino deliberación— refleja históricamente la manera chilena de gestionar sus recursos: con institucionalidad, prudencia y planificación. Sin embargo, el mundo actual exige algo más que solidez institucional: demanda velocidad táctica, capacidad de respuesta y decisiones estratégicas oportunas. Chile observa, regula y planifica, pero el desafío está en transformar esa planificación en decisiones ejecutadas a tiempo. La geopolítica de los minerales críticos no espera, y el liderazgo técnico, sin una decisión política oportuna, puede perder rápidamente tracción.

En este contexto, las preguntas estratégicas ya no son teóricas. ¿Podrá Chile transformar su sólida reputación institucional en una legitimidad minera renovada y efectiva? ¿Será capaz de combinar liderazgo estatal con atracción de capital privado sin perder eficiencia operativa ni velocidad estratégica? ¿Podrá construir una narrativa pública que respalde el desarrollo minero sin caer en polarizaciones internas paralizantes? ¿Y cuánto tiempo más podrá sostener esta pausa estratégica antes de que otros países, más ágiles, ocupen su posición global?

Chile no enfrenta una crisis, sino una decisión estratégica pendiente. Tiene recursos, talento, trayectoria y prestigio global. Pero también enfrenta un dilema no resuelto: cómo pasar efectivamente del modelo exitoso que fue hacia el modelo que necesita para liderar en el nuevo orden minero global. En un mundo donde las oportunidades estratégicas son efímeras, decidir tarde podría ser tan costoso como decidir mal.

La minería del futuro exige no solo capacidad técnica o institucional, sino decisiones políticas oportunas y visión estratégica ágil. En esta nueva geopolítica minera, la ventaja competitiva no reside únicamente en la estabilidad, sino en la capacidad de adaptación estratégica frente a un entorno global acelerado. Chile observa, planifica y calibra. Ahora es tiempo de ejecutar.

Perú: Riqueza geológica, gobernanza frágil

Pocos países poseen el potencial minero del Perú. Segundo productor mundial de cobre, segundo en plata, sexto en oro y actor relevante en zinc y estaño, el país combina una geología privilegiada con costos operativos muy competitivos. Durante décadas, estas fortalezas bastaron para atraer capital extranjero y consolidar a Perú como uno de los líderes mineros regionales. Pero en el nuevo orden global de minerales críticos, la geología por sí sola dejó de ser suficiente. Hoy, la capacidad para ejecutar proyectos, sostener relaciones comunitarias efectivas y garantizar estabilidad institucional se ha vuelto tan relevante como los recursos naturales mismos. Precisamente ahí reside el desafío más profundo del Perú (Aquino, 2023).

Desde los años noventa, Perú implementó un modelo abiertamente pro-inversión: sin empresas estatales operativas, con amplias concesiones y contratos de estabilidad tributaria a largo plazo. Este marco atrajo gigantes globales como Freeport-McMoRan, BHP, Glencore, MMG y Anglo American, presentes actualmente en operaciones de clase mundial como Cerro Verde, Antamina, Las Bambas y Quellaveco. Perú se convirtió así en un caso técnico exitoso, pero ese éxito también dejó expuestas fracturas institucionales cada vez más visibles (ECLAC, 2023).

La tensión entre empresas, Estado y comunidades se volvió estructural. Desde Conga hasta Tía María, pasando por bloqueos recurrentes en Las Bambas, la historia se repite: los proyectos avanzan técnicamente pero se detienen políticamente. La brecha persistente entre riqueza minera y desarrollo territorial real alimenta una desconfianza profunda. Aunque el canon minero redistribuye recursos significativos, rara vez se traduce en desarrollo local tangible. Las comunidades demandan más participación, más consultas, beneficios concretos, y cuando no los reciben, la interrupción se vuelve frecuente (Villarroel, 2022).

Entre 2023 y 2024, el Estado intentó responder con una doble estrategia: institucionalizar el diálogo territorial e implementar la "ventanilla única" para agilizar trámites mineros. Se reactivaron mesas multisectoriales, se reforzó la Oficina de Gestión de Conflictos del Ministerio de Energía y Minas, y se avanzó lentamente en formalizar a pequeños mineros en regiones como Puno y Madre de Dios. Aun así, la minería ilegal—especialmente la aurífera—se consolidó como una distorsión estructural. En Perú no es una actividad marginal, sino masiva, extendida y alimentada por redes sofisticadas de financiamiento ilegal. Esto daña ecosistemas sensibles, distorsiona mercados internacionales, erosiona la legitimidad del Estado y fortalece economías criminales locales (UNODC, 2025).

Paradójicamente, pese a estas disfunciones, el país continúa atrayendo inversiones mineras significativas. No por su estabilidad política—Perú ha tenido seis presidentes entre 2018 y 2024 (Infobae, 2024)—sino gracias a su infraestructura instalada, experiencia técnica y potencial geológico. En 2024, el país nuevamente superó los 2,3 millones de toneladas de cobre, manteniendo su posición como segundo mayor exportador global (ECLAC, 2025). Sin embargo, la cartera de nuevos proyectos se ha ralentizado considerablemente. Compañías como Freeport y Anglo American han postergado decisiones críticas esperando mayor claridad institucional. Aunque el Congreso busca reducir trabas regulatorias, la polarización política continúa frenando reformas profundas.

Mientras tanto, la presencia china ha crecido sostenidamente. MMG controla la mina Las Bambas, Chinalco opera Toromocho y proyectos clave como Galeno y Michiquillay están en manos de consorcios con capital mayoritariamente asiático. Esta expansión es pragmática, pero también estratégicamente deliberada: China asegura así suministros críticos mientras Perú intenta resolver sus propias tensiones internas. Del lado occidental, empresas como Newmont, Pan American Silver y Hudbay mantienen operaciones importantes, aunque se muestran cautelosas y han congelado exploraciones adicionales. Nadie se retira completamente, pero todos observan con cautela (Infobae, 2024).

Perú no carece de recursos, infraestructura ni capacidades técnicas. Lo que enfrenta es una crisis silenciosa de gobernanza. El desafío central no es geológico, sino político. No se trata de perforar más profundo, sino de reconstruir confianza en la superficie. En este contexto, las preguntas estratégicas son inevitables:

¿Podrá Perú recuperar su capacidad de ejecución sin desconectarse aún más de sus territorios? ¿Será capaz de transformar su riqueza minera en verdadera influencia geopolítica, o seguirá atrapado en un modelo que genera crecimiento económico pero escaso consenso social? ¿Cómo se reconstruye legitimidad institucional en un entorno donde la desconfianza ya es estructural? Y, finalmente, ¿cuánto tiempo más podrá sostener su atractivo basado exclusivamente en geología, mientras el mundo avanza hacia nuevos estándares de gobernanza, alianzas geopolíticas y reglas del juego más complejas?

Perú se encuentra en una bifurcación estratégica crítica. Posee todo lo necesario para ser protagonista del nuevo orden minero global, pero también todas las condiciones para perder esa posición. Las decisiones que tome en los próximos años determinarán no solo el futuro de su minería, sino su capacidad para gestionar lo esencial: el vínculo estratégico entre Estado, territorio y sociedad. En un mundo donde los minerales críticos ya no son simples insumos industriales, sino verdaderos componentes de poder geopolítico, el tiempo—también aquí—se ha convertido en un recurso no renovable.

Brasil: Potencia minera con visión industrial

Brasil no necesita carta de presentación en el ámbito minero: ya es una potencia global reconocida. Segundo exportador mundial de mineral de hierro, líder absoluto en niobio y actor relevante en bauxita, oro, cobre, níquel y, recientemente, litio, el país combina escala geológica, diversidad de recursos y capacidades industriales únicas en América Latina (ECLAC, 2023). Pero lo que verdaderamente distingue al modelo brasileño no es solo su abundancia de minerales, sino una visión estratégica profundamente arraigada: más que extraer, Brasil quiere transformar y capturar valor en sus territorios.

Este enfoque estratégico descansa sobre un marco institucional sólido y centralizado. Según la Constitución, todos los recursos minerales del subsuelo pertenecen al Estado federal, que ejerce una titularidad soberana sobre ellos. La gestión efectiva de estos recursos está a cargo de la Agencia Nacional de Minería (ANM), un organismo federal técnico, autónomo, encargado de otorgar concesiones, regular la actividad y fiscalizar cada operación minera en el país. Esta estructura institucional centralizada, poco común en América Latina, proporciona al sector minero brasileño previsibilidad regulatoria y una notable estabilidad operativa.

Si bien la mayoría de las operaciones mineras en Brasil están en manos privadas, el Estado mantiene una influencia estratégica indirecta, especialmente visible en la poderosa compañía Vale S.A., privatizada en 1997 pero aún bajo la influencia de fondos de pensión públicos y del propio Estado mediante una acción dorada. En minerales particularmente sensibles desde el punto de vista estratégico, como el uranio, la presencia estatal es directa y explícita (Public Eye, 2024).

Gracias a esta claridad institucional y visión estratégica, Brasil ha logrado consolidar cadenas industriales integradas en minerales clave. Un ejemplo emblemático es la cadena hierro-acero, con actores globales como Vale, Gerdau y CSN liderando desde la extracción hasta la fabricación y exportación de productos semielaborados. Esta capacidad posiciona a Brasil como el único país latinoamericano que ha desarrollado exitosamente cadenas industriales completas en minería metálica a gran escala.

La industria del aluminio sigue un patrón similar. Brasil no se limita a exportar bauxita, sino que procesa el mineral en alúmina y luego en aluminio primario. Aunque aún no alcanza el nivel tecnológico avanzado en sectores como el aeroespacial, sí ha establecido sólidamente etapas intermedias de transformación industrial, marcando una diferencia sustancial con sus vecinos regionales.

El modelo más exitoso y avanzado de industrialización minera en Brasil es el del niobio. Con el 91% del mercado global, Brasil controla prácticamente toda la cadena productiva a través de CBMM, empresa brasileña con capital internacional pero clara predominancia nacional. CBMM no exporta materia prima bruta, sino productos refinados de alto valor añadido como óxidos avanzados, superaleaciones industriales y materiales para baterías tecnológicamente sofisticadas. Abastece industrias estratégicas como la aeroespacial, automotriz y tecnológica, convirtiendo a Brasil en referencia mundial y ejemplo único de industrialización minera completamente desarrollada en América Latina (USGS, 2024).

Sin embargo, consciente del nuevo escenario geopolítico que prioriza los minerales críticos del siglo XXI, Brasil decidió en 2023 dar un giro estratégico adicional: extender esta lógica de valor agregado hacia minerales como el litio. Con una Nueva Política Industrial Verde especialmente diseñada para construir cadenas tecnológicas vinculadas a la transición energética y la electromovilidad, Brasil busca replicar su exitoso modelo industrial ya probado en otros minerales. Algunas señales tempranas ya se observan: la entrada en producción industrial de Sigma Lithium en Minas Gerais y el anuncio de la compañía china BYD para instalar una planta de baterías eléctricas en Bahía reflejan claramente esta nueva apuesta estratégica (Sigma Lithium, 2025; BYD Brasil, 2024; Reuters, 2025).

En paralelo a su fortaleza industrial, Brasil ha elevado sus estándares ambientales y de seguridad de manera significativa, especialmente tras los dramáticos colapsos de represas de relaves en Mariana (2015) y Brumadinho (2019). Estos eventos fueron puntos de inflexión, motivando la prohibición de tecnologías obsoletas, la adopción de regulaciones más estrictas y la implementación de mecanismos robustos de compensación social y protección ambiental. Hoy, la seguridad física y reputacional del sector minero es una prioridad estratégica, impulsada no solo por el Estado, sino también por una sociedad civil más activa, informada y exigente.

No obstante, aún subsisten desafíos críticos. La minería ilegal de oro en la Amazonía, especialmente en territorios indígenas como el de los Yanomami, ha generado crisis ecológicas y humanitarias profundas (Mongabay, 2023a). El crimen organizado, la extracción ilícita y la devastación ambiental conforman una compleja trama que representa uno de los principales retos socioambientales del país. Sumado a ello, la lentitud de los procesos ambientales y ciertas superposiciones burocráticas dificultan aún más la ejecución ágil de nuevos proyectos mineros estratégicos.

Con todo, Brasil conserva una posición excepcionalmente favorable para competir no solo por volumen, sino por relevancia estratégica global. Su amplio mercado interno, infraestructura consolidada, base industrial robusta y capacidades regulatorias avanzadas son ventajas únicas en América Latina. Pero mirando hacia adelante, el desafío crucial está precisamente en extender y profundizar el exitoso modelo industrial del niobio hacia minerales críticos emergentes como el litio.

Es en este contexto de potencial y desafío donde surgen preguntas estratégicas vitales para Brasil: ¿Hasta qué punto logrará la consolidación industrial en minerales críticos que hoy apenas empiezan a despegar? ¿Será capaz de mantener su apuesta industrial sin sucumbir a presiones por flexibilizar estándares ambientales y sociales? ¿Qué nuevas tensiones podrían emerger al combinar control estatal, capital extranjero y alta tecnología en territorios socialmente sensibles?

Brasil ya cuenta con lo que muchos países latinoamericanos sueñan tener: infraestructura industrial consolidada, actores mineros globales, instituciones sólidas y visión estratégica. Su desafío no es crear desde cero, sino acelerar estratégicamente hacia nuevos minerales críticos, capitalizando la ventana global de oportunidad. El modelo industrial del niobio es exitoso y existe ya como referente. La pregunta clave que marcará el futuro brasileño es si podrá replicar este éxito en litio y otros minerales estratégicos, consolidándose como actor decisivo en la nueva geopolítica minera mundial, antes de que esa ventana se cierre.

Bolivia: Soberanía sin resultados

En Bolivia, la minería no es solo una actividad económica: es una declaración ideológica. Desde la Constitución de 2009, todos los recursos minerales son propiedad exclusiva del Estado, administrados bajo una lógica soberanista que exalta la autonomía nacional. Sin embargo, esta postura política no siempre se traduce en resultados operativos ni eficiencia industrial.

Esta tensión es especialmente visible en torno al litio. Bolivia posee uno de las mayores recursos minerales a nivel mundiales en el Salar de Uyuni, pero durante años rechazó sistemáticamente la inversión extranjera directa, priorizando un control estatal absoluto a través de la empresa pública Yacimientos de Litio Bolivianos (YLB). Pese a este dominio estatal, la producción se ha mantenido marginal durante más de una década (El País, 2025a).

En un intento por romper este estancamiento, el gobierno del presidente Luis Arce inició en 2023 un giro pragmático, abriendo parcialmente el sector a capital extranjero bajo estrictas condiciones: participación estatal mayoritaria (51 %) y compromisos obligatorios de transferencia tecnológica. Bajo este esquema, Bolivia firmó importantes contratos con un consorcio liderado por la empresa china CATL, que comprometió cerca de USD 1.000 millones en dos plantas industriales, y otro con la firma rusa Uranium One, especializada en tecnologías de extracción directa de litio (DLE), con una inversión adicional cercana a USD 970 millones (Reuters, 2024; Mongabay, 2025).

Sin embargo, a mediados de 2025 estos proyectos enfrentan serios obstáculos. En junio, un tribunal de Potosí ordenó la suspensión temporal de ambos contratos tras demandas presentadas por comunidades indígenas que alegan falta de consulta previa y deficiencias en los estudios ambientales (Mining.com, 2025). Simultáneamente, comunidades del Consejo de Nor Lípez han incrementado su oposición por posibles impactos negativos sobre los recursos hídricos, ya escasos en la región (El País, 2025b; Business & Human Rights Resource Centre, 2025).

Aunque YLB inauguró en 2023 una planta industrial, ésta operó en 2024 apenas al 13–14% de su capacidad anual proyectada (con una producción de unas 2 064 toneladas, frente a las 15 000 planificadas), muy lejos de las ambiciosas metas iniciales que en su momento hablaban de hasta 150 000 toneladas anuales (El País, 2025a; YLB, 2025). Así, Bolivia enfrenta una paradoja estructural: cuanto más concentra el control en el Estado, más visibles se vuelven sus limitaciones operativas. La falta de alianzas transparentes, las debilidades institucionales, la resistencia política interna y la presión social constante generan un escenario donde la promesa del litio se ve frágil y compleja.

En paralelo, el país enfrenta una crisis socioambiental por la minería ilegal de oro en la Amazonía. En departamentos como La Paz, Beni y Pando, cooperativas informales operan dragas en los ríos amazónicos sin controles adecuados, generando contaminación masiva con mercurio y graves daños a las comunidades indígenas ribereñas (Mongabay, 2023b).

En el plano internacional, Bolivia ha tratado de capitalizar políticamente su riqueza en litio promoviendo iniciativas regionales, como la idea de una "OPEP del litio" junto a México y Argentina. Sin embargo, dada su escasa producción, inexistente refinación y débil integración en cadenas tecnológicas globales, su influencia real permanece limitada.

De esta manera, la soberanía minera boliviana enfrenta desafíos que trascienden lo técnico o ambiental: son eminentemente políticos. ¿Podrá Bolivia transformar su narrativa de soberanía en una política minera verdaderamente efectiva? ¿Hasta dónde es sostenible mantener un control estatal rígido sin sacrificar eficiencia, innovación y legitimidad social? ¿Qué modelo de desarrollo puede surgir en un país donde la exclusión del capital privado convive con alianzas ambiguas y baja capacidad de ejecución operativa? Finalmente, ¿cuánto tiempo más podrá Bolivia sostener la promesa del litio sin ofrecer resultados concretos que respalden sus ambiciones estratégicas?

Bolivia sigue siendo, en esencia, un territorio de tensiones históricas y potencial aún no realizado. Podría convertirse en un símbolo exitoso de soberanía minera efectiva o, por el contrario, en otro ejemplo perdido de la búsqueda de autonomía productiva en América Latina.

México: En búsqueda de un nuevo equilibrio estratégico

México posee una tradición minera centenaria y es uno de los actores históricos más relevantes del sector en América Latina. Durante décadas, la apertura regulatoria impulsó grandes inversiones extranjeras, especialmente provenientes de Canadá y Estados Unidos, posicionando al país como líder regional en minerales como plata, cobre y oro. A partir de 2018, sin embargo, México inició un proceso de redefinición estratégica de su modelo minero, apostando por una mayor soberanía nacional y un papel más activo del Estado en el manejo de sus recursos críticos.

El gobierno de Andrés Manuel López Obrador (AMLO) impulsó reformas regulatorias profundas, suspendiendo nuevas concesiones mineras y nacionalizando el litio, creando la empresa estatal LitioMX en 2022 (Maxwell Radwin, 2023). Aunque estas medidas reflejaron una legítima búsqueda de mayor control soberano sobre recursos estratégicos, también generaron incertidumbre en los inversionistas internacionales, quienes manifestaron inquietud ante el cambio en las reglas de juego. Esta tensión regulatoria provocó desaceleración de inversiones, litigios internacionales puntuales, y una ralentización en la concreción de proyectos clave.

En paralelo a esta reorientación estratégica, México ha enfrentado desafíos estructurales relacionados con la seguridad operativa y conflictos sociales puntuales en algunas regiones. Grandes proyectos mineros han experimentado dificultades, reflejando una necesidad urgente de fortalecer capacidades institucionales en gestión de conflictos territoriales y seguridad operativa (Martínez, 2023). Asimismo, desde una perspectiva ambiental regional, México ha comenzado a desempeñar un papel clave en la cadena de suministro informal de mercurio hacia América del Sur, generando un desafío ambiental de relevancia que afecta no solo al país, sino a toda la región.

Con la llegada de Claudia Sheinbaum a la presidencia en diciembre de 2024, México inició un nuevo esfuerzo por equilibrar mejor su visión soberana con la necesidad estratégica de recuperar la confianza internacional. Su gobierno ha enviado señales claras de que, si bien mantendrá el control estatal sobre minerales estratégicos como el litio, buscará estabilidad regulatoria y cooperación con inversionistas privados en minerales tradicionales. Sheinbaum apunta así a recuperar gradualmente la confianza en el sector, ofreciendo claridad regulatoria sin renunciar al control soberano.

Sin embargo, desafíos significativos persisten. La minería estatal aún no ha logrado concretar la producción significativa de litio, y México enfrenta la necesidad de resolver urgentemente tensiones estructurales asociadas al manejo ambiental, control de sustancias sensibles como el mercurio, y mejora sustancial en la seguridad operativa para la inversión minera formal.

En este contexto, la pregunta central para México es cómo construir un modelo minero estable, pragmático y estratégicamente coherente, que integre la legítima visión soberana del país con una regulación atractiva y efectiva para los inversionistas internacionales. ¿Podrá México encontrar un punto medio, una fórmula institucional clara que garantice control soberano sin alejar inversiones estratégicas? ¿Qué acciones concretas debe implementar para fortalecer la legitimidad ambiental del sector, especialmente en aspectos críticos como el manejo regional del mercurio? Finalmente, ¿cómo logrará el país fortalecer su capacidad institucional y operacional para convertir su riqueza geológica en influencia geopolítica efectiva?

México está ante una oportunidad histórica: redefinir su modelo minero con equilibrio, visión estratégica y coherencia institucional. El desafío inmediato es avanzar más allá de las tensiones internas, transformar los desafíos en reformas concretas, y consolidar un modelo minero que, respetando la soberanía nacional, impulse al país hacia una posición fuerte y estable en el nuevo orden minero global.

Colombia: Potencial estratégico en pausa

Colombia no es ajena al mapa global de minerales estratégicos. Con importantes yacimientos de cobre, oro, níquel y tierras raras, muchos todavía subexplorados, el país posee una posición geográfica privilegiada. Durante décadas, Colombia logró atraer capital internacional gracias a un ecosistema empresarial dinámico, una ubicación estratégica y sólidos tratados comerciales, convocando a grandes actores mineros como Glencore, AngloGold Ashanti, Zijin Mining y B2Gold. Sin embargo, hoy enfrenta una paradoja decisiva: su principal desafío ya no es geológico, sino institucional.

Desde la llegada al poder del presidente Gustavo Petro en 2022, el sector minero colombiano inició un período de redefinición estratégica, orientado hacia una minería con mayor participación estatal, énfasis en la inclusión social y estándares ambientales más exigentes. Se creó la empresa pública Ecominerales, con el propósito de explorar recursos estratégicos en colaboración con comunidades locales, y se establecieron zonas de reserva estratégica con restricciones temporales a la minería. Además, se limitó el otorgamiento de nuevas concesiones para minerales como el carbón térmico y el oro, priorizando la protección del agua y la biodiversidad.

No obstante, esta visión no ha logrado aún consolidarse en un marco normativo claro y eficiente. En la práctica, las nuevas políticas han provocado cierta ambigüedad operativa, ralentizando procesos administrativos, dificultando la emisión de licencias ambientales y retrasando consultas comunitarias requeridas para proyectos clave (Brigard Urrutia, 2024). Como resultado inmediato, entre 2023 y 2025, diversos proyectos mineros importantes fueron aplazados o cancelados, mientras que la inversión extranjera directa se redujo de manera significativa. Esta ralentización institucional convive con otro desafío profundo: la expansión significativa de la minería ilegal, particularmente aurífera, en regiones sensibles como la Amazonía, la costa del Pacífico y zonas fronterizas. Operaciones informales, controladas en muchos casos por actores ilegales, han generado impactos ambientales significativos, como la contaminación por mercurio, afectando a comunidades locales y ecosistemas frágiles. Esta situación ha provocado tensiones territoriales, mostrando la necesidad urgente de reforzar el control estatal en estas áreas críticas (MAAP, 2025).

En paralelo, algunos proyectos mineros formales han experimentado dificultades debido a la creciente tensión entre comunidades locales, movimientos ambientales y actores mineros establecidos. La compleja situación vivida en Buriticá, Antioquia, donde Zijin Mining enfrentó conflictos puntuales con grupos locales, evidenció claramente la importancia de fortalecer la gobernanza territorial y la capacidad del Estado para ofrecer garantías operativas y jurídicas (Reuters, 2025).

El gobierno colombiano ha intentado abordar estos desafíos mediante esquemas novedosos como asociativismo comunitario, minería con enfoque étnico y mesas ambientales multipartitas, buscando consolidar una legitimidad social más amplia. No obstante, hasta ahora los resultados concretos han sido limitados, y las inversiones formales aún mantienen una actitud cautelosa, esperando mayor claridad institucional.

A pesar de estos desafíos internos, el potencial minero colombiano sigue siendo altamente estratégico. El país cuenta con recursos minerales clave, infraestructura parcialmente desarrollada, técnicos calificados y acceso a mercados internacionales relevantes. Lo que falta no es geología ni capacidad técnica, sino un marco institucional claro, pragmático y eficiente, capaz de ofrecer seguridad jurídica, estabilidad regulatoria y legitimidad territorial.

En el nuevo orden minero global, aquellos países que no logran definir rápidamente su modelo propio suelen adaptarse a condiciones impuestas desde afuera. Colombia todavía dispone de tiempo y recursos para construir su propio camino estratégico, pero la ventana de oportunidad se reduce cada vez más.

Las preguntas clave para el futuro minero colombiano ya no son teóricas, sino estratégicas: ¿Será capaz Colombia de restablecer un marco institucional sólido y eficiente sin comprometer sus vínculos con comunidades y territorios? ¿Cómo puede construir legitimidad social y ambiental cuando la ciudadanía exige una participación cada vez más decisiva en los procesos mineros? ¿Qué acciones concretas deberá tomar para recuperar y atraer inversiones estratégicas en un contexto marcado por incertidumbre regulatoria y desafíos territoriales?

Las respuestas a estas preguntas no definirán únicamente el rumbo inmediato del sector minero colombiano. Determinarán también la capacidad del país para posicionarse estratégicamente en un contexto global donde la minería ya no es solo extracción, sino un eje decisivo para la transición energética, la innovación tecnológica y la estabilidad geopolítica mundial.

La política como núcleo del modelo minero en América Latina

Más allá de los modelos divergentes revisados en este capítulo, subyace una realidad compartida: en América Latina, la minería no es solo una actividad económica, sino fundamentalmente una ecuación política. La trayectoria del sector en cada país está moldeada por un entramado complejo de relaciones: entre gobiernos centrales y autoridades regionales, instituciones estatales y comunidades locales, empresas y sociedad civil, así como entre los Estados latinoamericanos y las grandes potencias extranjeras. Estas dinámicas configuran un verdadero "sistema de vínculos" que gobierna la minería, pesando a menudo más que la geología o las señales del mercado en la definición de resultados.

La política es, por tanto, el eje estructurante del modelo minero latinoamericano: determina la estabilidad, el nivel de riesgo, la confianza de los inversionistas y la legitimidad social para operar. Este no es solo un punto de partida analítico, sino una de las conclusiones centrales que surgen de este análisis comparado.

Primero, consideremos el equilibrio de poder entre gobiernos centrales y autoridades locales. En algunos países, la descentralización otorga a provincias o estados un papel decisivo en las decisiones mineras, entregándoles control directo sobre concesiones y regulaciones. Aunque este esquema tiene la ventaja de acercar decisiones al territorio, también genera limitaciones importantes: la competencia interprovincial puede obstaculizar una estrategia nacional coherente. Por el contrario, los modelos altamente centralizados enfrentan tensiones crecientes con autoridades locales y comunidades cuando las decisiones se toman verticalmente, sin suficiente diálogo territorial. Esta asimetría, claramente visible en países como Argentina o Bolivia, ha alimentado reclamos constantes por una distribución más equitativa de beneficios, contribuyendo a una inestabilidad crónica. La lección es clara: el vínculo entre Estado y territorios es decisivo, y si no está bien calibrado, puede comprometer la estabilidad incluso en países con abundantes recursos.

En segundo lugar, la relación entre gobiernos y comunidades—especialmente comunidades indígenas y rurales—es otro factor clave. En toda la región, los proyectos mineros dependen directamente del consentimiento y la legitimidad local para avanzar. Aunque cada país adopta enfoques distintos frente a este desafío, la realidad común es que los gobiernos suelen tener dificultades para equilibrar genuinamente los derechos comunitarios con los objetivos mineros. Las consecuencias se manifiestan en conflictos prolongados, protestas masivas y litigios judiciales que paralizan proyectos completos, como ha sucedido reiteradamente en Perú, Colombia o México. En última instancia, un modelo minero sostenible depende esencialmente de esta relación política: una mina sin legitimidad local opera bajo amenaza permanente, sin importar cuán valioso sea su yacimiento.

La interacción entre empresas mineras, inversionistas y sociedad civil constituye otro componente fundamental del panorama minero latinoamericano. Organizaciones ambientales, colectivos de derechos humanos y una opinión pública cada vez más informada y activa han intensificado el escrutinio sobre la industria, convirtiendo ciertos temas—como la gestión hídrica, la conservación de ecosistemas o la protección del patrimonio cultural—en factores decisivos para la viabilidad operativa de los proyectos. En este contexto, los actores no gubernamentales no solo observan, también inciden directamente sobre los marcos normativos, la percepción pública y las decisiones de inversión. Frente a ello, las compañías han respondido ajustando sus estrategias operativas: mayor transparencia, alineación con estándares ESG e inversiones más robustas en relaciones comunitarias han dejado de ser opcionales para volverse requisitos esenciales. Allí donde no logran establecer vínculos de confianza, los proyectos enfrentan retrasos, cuestionamientos o bloqueos irreversibles. En suma, en América Latina, el capital político—la capacidad de construir legitimidad relacional—es tan decisivo como el capital financiero. Navegar este entorno, donde las expectativas sociales importan tanto como las económicas, exige nuevas competencias institucionales y una lectura profunda y estratégica del territorio.

Finalmente, la dimensión geopolítica—las relaciones entre Estados latinoamericanos y potencias extranjeras—agrega otra capa de complejidad a esta ecuación. La creciente demanda global por minerales críticos, impulsada por la transición energética, la digitalización, los sistemas autónomos de defensa y la manufactura avanzada, ha renovado el interés estratégico por los recursos de América Latina. China, Estados Unidos y Europa buscan garantizar acceso estable a largo plazo a minerales clave como litio, cobre, grafito y tierras raras. En particular, China ha ampliado considerablemente su presencia mediante inversiones directas y asociaciones comerciales, posicionándose como actor clave en la minería regional: desde el litio en Bolivia y Argentina hasta grandes proyectos de cobre en Chile y Perú.

En medio de esta dinámica compleja, Brasil emerge como una excepción interesante. Su modelo minero-industrial, aunque no exento de tensiones internas, parece relativamente protegido de los vaivenes políticos coyunturales que afectan a otros países latinoamericanos. La combinación de instituciones federales sólidas, marcos regulatorios centralizados y una tradición industrial consolidada permite a Brasil avanzar con una estrategia minera coherente de largo plazo. Esta estabilidad institucional trasciende las alternancias políticas, manteniendo continuidad estratégica en minerales críticos como hierro, aluminio y especialmente niobio. Aunque enfrenta desafíos en nuevos minerales como el litio, su historial reciente sugiere mayor capacidad para escapar de la volatilidad habitual en la región.

Así, América Latina no es un bloque geopolítico homogéneo ni una suma simple de modelos convergentes. Es un mapa complejo de decisiones políticas en disputa, donde cada país—según su institucionalidad, su narrativa y sus urgencias particulares—decide cómo convertir su geología en influencia, inversión o legitimidad. Brasil ofrece una ventana alternativa en ese paisaje, demostrando que una gobernanza minera sólida y estable es posible incluso en contextos políticos cambiantes.

En definitiva, en el tablero minero latinoamericano, la política pesa más que la geología, la legitimidad local importa tanto como la rentabilidad económica, y las estrategias nacionales deben navegar en un escenario global en permanente tensión. La clave para comprender el rol de América Latina en el nuevo orden minero mundial no es buscar una unidad regional artificial, sino observar con realismo y precisión esta profunda diversidad. Porque si algo queda claro tras este análisis, es que en América Latina los minerales nunca se negocian en abstracto: se negocian desde territorios específicos, con reglas propias y actores múltiples. Allí, lo técnico se vuelve político. Lo local, profundamente estratégico. Y lo minero, inevitablemente geopolítico.

Síntomas compartidos: señales de una fragilidad estructural

A pesar de la diversidad de enfoques y estrategias mineras en América Latina, la región enfrenta síntomas estructurales comunes que revelan profundas vulnerabilidades. Estos problemas recurrentes no son fenómenos aislados: constituyen verdaderos desafíos sistémicos que limitan la capacidad de la región para aprovechar plenamente su riqueza mineral estratégica en esta era de transición energética y revolución tecnológica.

A continuación, analizamos tres síntomas interrelacionados que definen esta fragilidad estructural y que deben abordarse de forma integral para que América Latina pueda asumir un rol verdaderamente activo en el nuevo orden minero global:

- Dependencia histórica de exportaciones minerales sin mayor procesamiento industrial.
- Inestabilidad regulatoria e incertidumbre jurídica crónica.
- Expansión persistente y acelerada de la minería ilegal.

Cada uno de estos factores refleja no solo un problema operativo, sino una disfunción política profunda que atraviesa la región, condicionando su presente y amenazando su futuro.

Dependencia histórica de exportaciones minerales sin mayor procesamiento industrial

América Latina ha sido históricamente una región extraordinariamente rica en recursos minerales, pero paradójicamente ha permanecido estructuralmente atrapada en una dinámica de bajo valor agregado. Esta dependencia, lejos de disminuir, se intensifica en pleno siglo XXI, justo cuando los minerales estratégicos se han convertido en piezas clave del tablero global de la transición energética y tecnológica. En vez de posicionarse como productores integrales, capaces de generar tecnologías propias, la mayoría de los países latinoamericanos sigue relegada a un rol secundario en las cadenas de valor mundiales, exportando recursos minerales en bruto para luego reimportar productos finales altamente tecnológicos. Este círculo vicioso no es un simple problema económico: representa una limitación estratégica profunda para la transformación productiva de la región.

La evidencia más reciente revela claramente la persistencia de este patrón. Chile, el mayor productor global de cobre, continúa exportando cerca de la mitad de su producción como concentrado, una forma básica del mineral, mientras que apenas un tercio del cobre que envía al exterior está refinado y listo para uso industrial. Perú, segundo productor mundial del mismo metal, presenta una situación aún más extrema, pues depende de manera significativa del cobre en bruto para equilibrar su balanza comercial, sin haber sido capaz de desarrollar hasta ahora una industria manufacturera de transformación significativa. De este modo, incluso cuando sus cifras de exportación se incrementan, la mayor parte del valor agregado generado a partir del cobre se pierde en mercados externos.

El escenario del litio profundiza esta fragilidad estratégica. Argentina logró más que duplicar sus exportaciones de carbonato de litio en un solo año, alcanzando cifras cercanas a los 700 millones de dólares en 2022; sin embargo, ese crecimiento explosivo no se tradujo en la creación de una cadena industrial local, sino en un incremento de la dependencia de mercados externos (HCSS, 2024). Bolivia, pese a contar con los mayores recursos mundiales del llamado "oro blanco", apenas consiguió exportar alrededor de 50 toneladas en el primer semestre de 2024. Este modesto resultado refleja las profundas dificultades para implementar una estrategia que apostaba precisamente por el valor agregado, pero que se ha encontrado una y otra vez con limitaciones tecnológicas, logísticas y de gobernanza (Mining.com, 2025). En ambos países, la pregunta estratégica sigue sin respuesta: ¿cómo capturar verdaderamente valor cuando el desarrollo industrial se queda rezagado respecto a la extracción?

Brasil ofrece un panorama más complejo, aunque igualmente incompleto. Si bien ha sido exitoso en cadenas industriales consolidadas como el acero y, sobre todo, el niobio —donde domina la cadena global de valor con productos refinados y tecnológicos—, sigue exportando enormes volúmenes de mineral de hierro sin procesamiento. La aparición de iniciativas específicas como la producción de ferroníquel o la instalación de plantas de vehículos eléctricos por parte de empresas como la china **BYD** indican esfuerzos puntuales por agregar valor internamente. Pero aún prevalece un modelo híbrido que revela que la sola capacidad industrial instalada no es suficiente; también se requiere una estrategia integral, políticas claras y una integración vertical deliberada entre minería, manufactura y tecnología.

México presenta otro matiz importante en esta problemática regional. A pesar de contar con una industria automotriz avanzada y ser uno de los polos emergentes en América del Norte para la producción de vehículos eléctricos, su potencial minero estratégico en torno al litio continúa inmovilizado. La nacionalización de sus recursos de litio en 2022 generó enormes expectativas, pero hasta ahora no ha resultado en la creación de una cadena de valor industrial local que acompañe al sector automotor. El resultado paradójico es que México depende por completo de la importación de materiales esenciales para baterías eléctricas, perdiendo una oportunidad histórica de posicionarse estratégicamente en un mercado emergente clave para el futuro global (El País, 2024).

Colombia, en tanto, ilustra dramáticamente las limitaciones en infraestructura industrial. Con la notable excepción de la operación de ferroníquel en Cerro Matoso, el país aún no ha desarrollado las capacidades necesarias para procesar de manera significativa minerales estratégicos como cobre u oro (BNamericas, 2024). Gran parte del oro colombiano sale del país en forma bruta, sin beneficiarse localmente del valor agregado que podría generar una industria integrada. La ausencia de plantas refinadoras o manufactureras relevantes impide no solo capturar un mayor valor económico, sino que limita considerablemente el desarrollo interno de capacidades tecnológicas, innovación y generación de empleo calificado (BNamericas, 2024).

Más allá de las estadísticas, este patrón regional evidencia una profunda dependencia estructural. Los países latinoamericanos continúan ocupando posiciones inferiores en las cadenas de valor globales, lo que implica una baja resiliencia frente a crisis de precios, escasa generación de empleo calificado y mínima acumulación de conocimiento productivo. La ausencia de industrias transformadoras aguas abajo implica además que las decisiones clave —sobre qué producir, con qué tecnologías y para quién— se toman fuera de la región, dejando a los países latinoamericanos como meros proveedores subordinados a las estrategias industriales de terceros.

La Minería ha Muerto. Larga Vida a la Minería Geopolítica

Este no es solo un problema económico, sino también geopolítico. En un contexto en el cual los minerales críticos definen nuevas jerarquías globales, permanecer en el rol de exportador de concentrados significa renunciar a influencia y capacidad negociadora. Mientras países como Indonesia han impuesto restricciones a la exportación de minerales sin procesar para fomentar la inversión local en refinación y manufactura, en América Latina los incentivos permanecen desalineados con estos objetivos estratégicos. Aunque existen casos puntuales prometedores —como el régimen RIGI en Argentina— aún falta consolidarlos en una política minera e industrial integrada y consistente a nivel regional.

Esta dependencia estructural además perpetúa un círculo vicioso. Al carecer de industrias transformadoras sólidas, los países dependen excesivamente de los ciclos internacionales de precios para sostener sus economías. Cuando los precios de los minerales suben, se acelera la extracción, pero raramente se invierte en el desarrollo industrial local. Cuando bajan, se recorta el gasto público sin contar con sectores tecnológicos capaces de amortiguar el impacto. Esta volatilidad constante dificulta la planificación a largo plazo e impide consolidar una economía basada en el conocimiento.

Romper esta inercia requiere más que declaraciones de intención. América Latina no puede limitarse a ser únicamente un depósito de minerales para el siglo XXI. Si aspira a desempeñar un papel activo en la nueva economía digital y energética, debe construir capacidades productivas internas. Esto implica entender la minería no como un fin en sí misma, sino como el punto de partida de una política industrial moderna que transforme sus recursos en bienes, empleos, tecnologías y soberanía estratégica.

La inestabilidad regulatoria y la incertidumbre jurídica

Uno de los obstáculos más persistentes para consolidar una minería estratégica en América Latina no proviene de los yacimientos, la tecnología ni siquiera del capital, sino de algo más intangible pero profundamente estructural: la incapacidad de ofrecer reglas claras, estables y confiables. La inestabilidad regulatoria y la incertidumbre jurídica son síntomas interconectados que atraviesan tanto a países con tradición minera sólida, como Chile y Perú, como a otros con marcos aún emergentes, como Argentina, México, Colombia o Bolivia. En todos estos casos, dicha inestabilidad erosiona la previsibilidad y debilita la posición estratégica de la región en el nuevo orden global de los minerales críticos.

A lo largo de este capítulo hemos observado cómo, aunque cada país sigue trayectorias distintas, el síntoma se repite: Chile transitó un prolongado proceso constitucional con un impacto directo en la confianza del sector; Perú enfrenta una rotación política constante y reformas fragmentadas; México reformó abruptamente su ley minera, generando preocupación internacional; Bolivia sujeta sus contratos a decisiones legislativas impredecibles; Argentina oscila entre reformas proinversión y retrocesos provinciales inesperados; Colombia plantea una ambiciosa agenda verde, pero aún carece de una hoja de ruta operativa clara; y Brasil, aunque institucionalmente más estable, sufre los efectos de una burocracia paralizante y una superposición normativa que ralentiza la ejecución.

En un sector donde las decisiones se planifican a 15, 20 o 30 años, las normas que cambian con cada ciclo político —o incluso dentro del mismo gobierno— generan un entorno difícil de navegar. Reformas improvisadas, consultas sin procedimientos definidos, marcos ambientales contradictorios y concesiones que pueden ser revocadas sin certezas procesales erosionan la confianza, no solo de los inversionistas, sino también de los actores públicos encargados de diseñar políticas consistentes. Esta inestabilidad no es casual, sino reflejo de tres debilidades sistémicas que coexisten en la región: una institucionalidad fragmentada, una política hiperreactiva y una cultura normativa que oscila entre la sobreproducción legal y la aplicación errática. En muchos países, la minería está regulada por múltiples agencias con competencias superpuestas, lo que genera procesos largos, opacos y contradictorios. A ello se suman reformas legislativas frecuentes, a menudo bien intencionadas pero mal implementadas, que intentan corregir asimetrías históricas sin lograr construir certezas nuevas.

Lo más problemático es que esta situación genera un círculo vicioso. A mayor incertidumbre jurídica, menor es la llegada de inversión de calidad. Y por inversión de calidad no nos referimos únicamente al capital para extraer recursos, sino a la capacidad para atraer proyectos que desarrollen cadenas industriales aguas abajo: que procesen, refinen, manufacturen y permitan capturar un mayor valor agregado. Sin reglas estables, se dificulta no solo la extracción, sino también la posibilidad de construir industrias asociadas a tecnologías limpias, baterías, insumos para defensa, inteligencia artificial o movilidad eléctrica.

Desde una perspectiva comparada, lo que distingue a América Latina no es la existencia de conflictos regulatorios —que también ocurren en otras regiones—, sino la persistencia de reglas que no logran consolidarse en sistemas de confianza. Mientras en otras jurisdicciones los cambios normativos suelen pasar por amplios consensos, en América Latina tienden a ser abruptos, polarizados y muchas veces desconectados de las capacidades estatales para implementarlos eficazmente. La política minera, en consecuencia, se transforma en una sucesión de acciones defensivas en lugar de una estrategia de largo plazo. Frente a este panorama, lo que está en juego no es únicamente atraer inversión. Es algo más profundo: la posibilidad de construir una arquitectura regulatoria percibida como legítima, predecible y alineada con las nuevas demandas de la sociedad. La minería del siglo XXI no puede operar bajo leyes del siglo XX y dinámicas políticas del siglo XIX. Necesita marcos institucionales capaces de conjugar estabilidad con adaptación y normas capaces de proteger sin paralizar.

Si algo ha demostrado China en las últimas dos décadas, es que la planificación estratégica a largo plazo no es una utopía, sino una herramienta efectiva de poder. Su modelo —con todas sus particularidades— muestra que cuando un país define una hoja de ruta clara, alinea sus instituciones y mantiene el rumbo más allá de los ciclos políticos, puede convertir su geología en influencia global. La estabilidad no implica rigidez, ni la planificación inmovilidad; lo que ofrecen es dirección estratégica. Y sin dirección, ningún recurso puede convertirse en ventaja estructural. La región no parte de cero. Existen experiencias valiosas, aprendizajes institucionales y capacidades técnicas instaladas. Pero mientras persista la lógica de la reforma reactiva, la política pendular y la legalidad instrumental —esa que se ajusta al ritmo del conflicto y no al de la estrategia—, la minería latinoamericana continuará rezagada respecto a su potencial real. Cada ventana de oportunidad desaprovechada no es solo una inversión que no llega: es también una porción de influencia global que se pierde.

En definitiva, la buena gobernanza regulatoria no se mide por la cantidad de leyes que se dictan, sino por la confianza que esas leyes generan. En el nuevo orden minero global, la confianza se ha convertido en un recurso tan escaso —y tan valioso— como los minerales que la región ofrece al mundo.

La expansión persistente de la minería ilegal

Si las negociaciones en espacios institucionales y las políticas públicas marcan la narrativa oficial de la nueva minería geopolítica, la minería ilegal opera desde las sombras con igual relevancia estratégica. A menudo pasada por alto en los análisis tradicionales, esta economía ilícita ejerce una influencia creciente en los territorios mineros de América Latina. Hoy, la minería ilegal de oro ya no es una actividad aislada de buscadores individuales, sino una industria criminal organizada, transnacional y altamente efectiva en corromper estructuras estatales. Según el informe *Minerals Crime* (UNODC, 2025), la expansión acelerada de la minería ilegal en la región es tanto consecuencia como causa de la debilidad institucional: prospera donde el sector formal encuentra obstáculos regulatorios o lentitud administrativa y, simultáneamente, erosiona la confianza pública, alimentando corrupción y violencia.

La dimensión del problema es inquietante. Solo en la última década, la minería ilegal en territorios indígenas amazónicos aumentó un 625%, afectando particularmente a Brasil, Venezuela, Colombia, Ecuador, Perú y Bolivia (UNODC, 2025). Este crecimiento ha causado graves daños ambientales, impulsado especialmente por el uso indiscriminado de sustancias altamente tóxicas como mercurio y cianuro, que contaminan ríos, destruyen bosques y ponen en riesgo la biodiversidad amazónica.

Colombia ejemplifica claramente este fenómeno: actualmente, el 73% de las áreas de explotación aurífera aluvial operan ilegalmente, representando aproximadamente 69.123 hectáreas, con un incremento de 5.000 hectáreas en apenas un año (UNODC, 2025). El problema se agrava aún más por la convergencia entre minería ilegal y narcotráfico; se han detectado cultivos ilegales de coca en el 44% de estas áreas, consolidando una compleja red criminal que debilita profundamente la estabilidad institucional y social del país.

En Brasil, particularmente en la región amazónica del río Tapajós, el panorama es igualmente preocupante. Aproximadamente dos tercios del oro producido allí es ilegal, generando daños ambientales irreversibles y graves violaciones a los derechos humanos (UNODC, 2025). La minería ilegal brasileña ha creado una red criminal organizada que involucra también la trata de personas, con cerca del 40% de los mineros artesanales como potenciales víctimas de trabajo forzado. Esta actividad ilícita se asocia frecuentemente con explotación sexual y lavado de dinero, dificultando aún más los esfuerzos estatales para combatirla.

Un factor clave que impulsa esta expansión es la extraordinaria rentabilidad del oro en los mercados globales. Según el informe de la UNODC (2025), solo entre 2014 y 2015 el valor de la producción ilegal de oro en cinco países sudamericanos alcanzó aproximadamente los 7.000 millones de dólares. Su alto valor por peso, fácil comercialización y sencillo transporte convierten al oro ilegal en un activo estratégico ideal para organizaciones criminales que buscan diversificar operaciones y blanquear recursos procedentes de otras actividades ilícitas. El mismo informe resalta a la corrupción como otro facilitador central de esta industria ilícita. En múltiples países latinoamericanos, funcionarios públicos han sido identificados aceptando sobornos a cambio de otorgar concesiones fraudulentas o facilitar la explotación minera ilegal (UNODC, 2025). Como consecuencia directa, los esfuerzos regulatorios se debilitan progresivamente, aumentando la impunidad de los actores criminales.

El impacto social y humanitario es devastador para las comunidades afectadas. La explotación laboral, particularmente infantil, se reporta frecuentemente en países como Bolivia, mientras en las áreas dominadas por la minería ilegal proliferan también la violencia de género y la explotación sexual forzada, profundizando las crisis sociales y agravando las condiciones humanitarias de las poblaciones vulnerables (UNODC, 2025).

La minería ilegal actúa como un barómetro preciso de las debilidades institucionales latinoamericanas. Florece allí donde el Estado es débil o está ausente, revelando no solo falta de control, sino también una disfunción estructural más profunda en el modelo minero formal. Su auge indica que las vías legales para desarrollar los recursos minerales no están siendo suficientemente inclusivas, justas ni ágiles para responder a las demandas locales y globales.

Abordar esta realidad exige algo más que respuestas fragmentadas o reactivas. Implica clarificar títulos mineros, eliminar ambigüedades que facilitan corrupción, y agilizar los procesos de aprobación para toda la industria minera: desde proyectos artesanales hasta operaciones junior, medianas y grandes. Cuando estos procesos son lentos, opacos o contradictorios, dejan vacíos rápidamente ocupados por actores ilegales, debilitando aún más la legitimidad institucional. Transformar esta brecha estructural en una oportunidad real de desarrollo local e inversión estratégica es posible, siempre que se habiliten mecanismos eficientes, legítimos y transparentes para operar formalmente.

Sin embargo, la respuesta institucional no basta si no va acompañada de un cambio en la narrativa social y cultural. Actualmente persiste una percepción simbólica que asocia toda actividad minera con daño y abuso. Esta imagen, amplificada por la violencia de la minería ilegal, ha erosionado progresivamente la legitimidad del sector formal, aumentando los conflictos sociales y afectando su licencia social en múltiples territorios. No se trata de negar los errores históricos del sector formal, sino reconocer que, en muchos casos, este ha dado pasos reales hacia modelos más responsables. Por eso es imprescindible separar con claridad la minería formal de la ilegal, no solo técnica o legalmente, sino también en términos simbólicos, éticos y culturales. Únicamente así podrá reposicionarse la minería formal como verdadera aliada del desarrollo sostenible. En este sentido, la minería ilegal ocupa exactamente los vacíos que deja el sector formal: allí donde no logra ser eficiente, justo o transparente, la ilegalidad avanza. Cualquier estrategia futura para el desarrollo minero regional debe reconocer esta tensión, entendiendo que no se trata de un problema secundario, sino central. De su resolución depende la viabilidad del modelo minero en su conjunto.

Si los países latinoamericanos aspiran a construir una nueva geopolítica minera —más ágil, tecnológica, legítima y sostenible— deberán enfrentar este fenómeno de manera frontal. Ignorarlo supondría poner en riesgo las metas estratégicas que el sector formal busca alcanzar. Reformular la minería ilegal como desafío prioritario, íntimamente ligado a la gobernanza institucional y al sentido cultural de la minería, es esencial para recuperar la confianza pública, desplazar gradualmente la ilegalidad y consolidar un modelo verdaderamente legítimo.

Lo que subyace detrás de los tres síntomas estructurales

La expansión persistente de la minería ilegal, la baja industrialización y la inestabilidad regulatoria no ocurren en el vacío. Detrás de estos tres problemas, que afectan a los países de América Latina con distintos grados e intensidades, existen factores profundos e interrelacionados que actúan como fuerzas invisibles condicionando la realidad minera. Estos factores no siempre se reconocen de manera explícita en las políticas públicas, pero determinan la persistencia y recurrencia de los síntomas visibles que hemos analizado.

Primero, la fragmentación institucional y la debilidad del Estado. Aunque cada país latinoamericano enfrenta su propia realidad institucional, comparten en diferentes grados una estructura estatal fragmentada, caracterizada por múltiples agencias regulatorias con funciones superpuestas y, muchas veces, contradictorias. Esta dispersión institucional genera vacíos regulatorios aprovechados por actores ilegales, dificulta la creación de políticas industriales integradas y limita la capacidad para ofrecer estabilidad jurídica. Más allá de la burocracia, esta fragmentación refleja una visión estratégica ausente o insuficientemente articulada desde las élites políticas nacionales.

Segundo, una cultura política hiperreactiva y cortoplacista. La inestabilidad regulatoria y la baja industrialización son síntomas claros de una cultura política que privilegia las soluciones inmediatas y reactivas frente a estrategias sostenidas en el tiempo. Los gobiernos tienden a adoptar reformas rápidas para responder a presiones sociales, ambientales o económicas puntuales, sin considerar sus efectos de largo plazo o la capacidad real del Estado para implementarlas eficazmente. Esta lógica cortoplacista genera una dinámica pendular en la política minera, debilitando así la confianza y la posibilidad de atraer inversiones con horizonte estratégico.

Tercero, una percepción social y simbólica distorsionada sobre la minería. En la mayoria de los paises de la región persiste una narrativa predominantemente negativa asociada a la actividad minera formal, vista más como una amenaza ambiental y social que como un motor potencial de desarrollo sostenible y tecnológico. Esta percepción está alimentada por los efectos devastadores de la minería ilegal y los errores históricos del sector formal, pero también por un déficit comunicacional que impide diferenciar con claridad la minería responsable del saqueo informal. La consecuencia directa es una pérdida gradual de legitimidad social y licencia operativa, lo que refuerza un ciclo negativo donde los actores formales son constantemente cuestionados y debilitados frente al avance de la ilegalidad.

Cuarto, el déficit estructural en la gobernanza socioambiental. Cada uno de estos síntomas también refleja una crisis profunda en la gobernanza socioambiental. La expansión de la minería ilegal y la baja industrialización no son solo fenómenos económicos aislados, sino señales de una incapacidad sistemática de los Estados para armonizar sus agendas económicas, ambientales y sociales. La tensión entre los objetivos legítimos de desarrollo económico y las demandas de protección ambiental y social ha derivado en marcos normativos complejos, ineficaces y, en ocasiones, contradictorios, que dificultan gravemente la implementación efectiva de políticas públicas coherentes.

Quinto, la desconexión entre política minera, política industrial y política de innovación tecnológica. La baja industrialización y el atraso tecnológico tienen raíces en una persistente desconexión estructural entre políticas mineras, industriales y tecnológicas. La minería sigue siendo vista como una actividad aislada, sin integrarse plenamente a una estrategia nacional de innovación, industria y desarrollo tecnológico. Esta desconexión impide capitalizar la riqueza minera como punto de partida para una transformación productiva más profunda, dejándola atrapada en la simple extracción y exportación de materias primas sin procesar.

Estos factores subyacentes son críticos porque revelan las raíces profundas detrás de los problemas visibles analizados en el capítulo. No son obstáculos fáciles de superar con ajustes superficiales o reformas aisladas; requieren cambios estructurales profundos en la manera en que cada país define su política minera y su visión estratégica nacional. Por lo tanto, reconocer estas fuerzas invisibles es esencial para resolver los tres síntomas analizados. Se trata de comprender que la minería no es solo una cuestión técnica o económica, sino fundamentalmente política, social y cultural. Los desafíos no provienen únicamente del subsuelo, sino también de las estructuras institucionales, las narrativas culturales y las prácticas políticas que se han consolidado durante décadas. Solo enfrentando estas dimensiones más profundas y estructurales podrán los países de América Latina superar los síntomas visibles que limitan su potencial minero y geopolítico. Este enfoque integral, capaz de ver más allá de los problemas superficiales, es la única vía posible para construir un modelo minero verdaderamente sostenible, legítimo y competitivo en el siglo XXI.

Geopolítica en América Latina: China y Occidente en Disputa por los Minerales del Futuro

En las secciones anteriores hemos analizado cómo América Latina, pese a compartir una riqueza mineral extraordinaria, enfrenta desafíos estructurales profundos: dependencia de la exportación de materias primas, marcos regulatorios inestables y la expansión constante de la minería ilegal. Estas vulnerabilidades internas no pueden analizarse en forma aislada, sino en medio de una creciente tensión geopolítica global. Los minerales críticos ya no son solo recursos económicos; se han convertido en un eje clave de poder estratégico internacional, definiendo nuevas relaciones diplomáticas y comerciales.

En este contexto, América Latina emerge como un tablero geopolítico central, disputado activamente por dos modelos contrapuestos: el pragmatismo estratégico y la velocidad operativa de China, y el enfoque institucional, multilateral y basado en estándares elevados de Occidente. Para la región, esta tensión no es solo un desafío, sino también una oportunidad única para repensar su lugar en el mundo, su modelo industrial y su rol en la transición energética y tecnológica global.

Este capítulo profundiza precisamente en esa tensión estratégica, analizando cómo China y Occidente están desplegando sus estrategias en el continente y, sobre todo, qué pueden hacer los países latinoamericanos para aprovechar esta dinámica en función de sus propios intereses estratégicos de largo plazo.

La Minería ha Muerto. Larga Vida a la Minería Geopolítica

El modelo chino: rapidez, escala y pragmatismo estratégico

La estrategia china en la región ha sido contundente y sostenida. Mientras otras potencias aún debatían cómo asegurar sus suministros, Pekín ya avanzaba sobre el terreno, combinando financiamiento estatal, infraestructura conectada y adquisiciones estratégicas.

En Perú, MMG (mina Las Bambas) y Chinalco (mina Toromocho) controlan hoy una parte significativa de la producción nacional de cobre (AidData, 2023). En Ecuador, el consorcio chino a cargo de la mina Mirador abrió la puerta a la minería industrial a gran escala (Reuters, 2019). En Brasil, en 2025 una firma china adquirió Mineração Vale Verde por USD 420 millones, asegurando activos clave en cobre y oro (MINING.com, 2025).

El litio es otro ejemplo ilustrativo: Tianqi Lithium posee el 24% de la chilena SQM, segundo productor mundial (Reuters, 2018); Ganfeng Lithium y Zijin Mining avanzan rápidamente en Argentina y Bolivia mediante asociaciones locales y acuerdos directos con gobiernos provinciales y nacionales (MINING.com, 2025). Solo en 2024, las inversiones chinas en minería global alcanzaron más de USD 22.000 millones, teniendo a América Latina como uno de los destinos principales.

China complementa estos movimientos con megaproyectos logísticos estratégicos, como el puerto de Chancay en Perú, una inversión de USD 3.500 millones que conecta directamente la minería andina con Asia. Este enfoque integral —mina, transporte, financiamiento y comprador asegurado— le confiere una ventaja estructural difícil de replicar.

En mayo de 2025, el presidente Xi Jinping anunció una línea de crédito por USD 9.200 millones destinada específicamente a proyectos en países latinoamericanos, como señal explícita para profundizar lazos bilaterales y contrarrestar la influencia estadounidense (Reuters, 2025). Este movimiento va más allá del capital: es una declaración estratégica de interés nacional hacia la región.

. . .

El modelo occidental: altos estándares, diplomacia multilateral y ritmo moderado

Estados Unidos y Europa han elegido un camino distinto. Su estrategia no se basa en la velocidad, sino en valores. En 2023, la Unión Europea firmó memorandos específicos con Argentina, Chile y Brasil para fomentar cadenas de suministro sostenibles de materias primas, destinando —a través del programa *Global Gateway*, en asociación con el Banco Interamericano de Desarrollo (Inter-American Development Bank, IDB)— €6,3 millones para fortalecer marcos regulatorios, la gobernanza minera y la participación comunitaria (European Parliament Think Tank, 2024; IDB, 2023). La UE también modernizó su acuerdo comercial con Chile, incorporando cláusulas ambientales vinculantes y medidas específicas de cooperación climática (European Commission, 2023).

Por su parte, Estados Unidos activó iniciativas como la *Minerals Security Partnership (MSP)*, financiando proyectos específicos de níquel y cobalto en Brasil a través de su Corporación Financiera de Desarrollo Internacional de Estados Unidos (*U.S. International Development Finance Corporation*, DFC), y evaluando también plantas de procesamiento de litio en Argentina (DFC, 2022). Funcionarios estadounidenses visitaron Chile, donde firmaron acuerdos técnicos dirigidos a la gobernanza del litio (Buenos Aires Times, 2024).

A diferencia del enfoque chino, estas iniciativas occidentales apuntan menos a una influencia inmediata y más a una transformación institucional de largo plazo. Sin embargo, su impacto ha sido desigual: las inversiones son más reducidas, los procesos considerablemente más lentos y los resultados varían según cada contexto nacional.

¿Qué pueden hacer los países latinoamericanos en un juego que no fue diseñado para ellos?

En esta disputa geopolítica por los minerales críticos, es clave asumir que América Latina no participa como bloque homogéneo. Ni China, ni Estados Unidos, ni Europa negocian con la región como una entidad integrada: negocian país por país, gobierno por gobierno, urgencia por urgencia. Esta fragmentación no es accidental, sino estratégica. Cada potencia adapta su estrategia a esta realidad, aprovechando la diversidad interna como una ventaja en la negociación bilateral.

China avanza rápidamente mediante acuerdos bilaterales ágiles, incluso con provincias específicas en Argentina o regiones en Bolivia. Estados Unidos aprovecha marcos bilaterales ya existentes, como el T-MEC con México o acuerdos específicos firmados con Chile sobre gobernanza minera. La Unión Europea actualiza tratados comerciales con países individuales y establece memorandos puntuales según sus intereses específicos. En definitiva, cada país latinoamericano recibe propuestas diferentes, según su contexto particular.

En este escenario, cada país latinoamericano tiene la oportunidad estratégica de observar cómo otras naciones fuera de la región han negociado exitosamente con estas mismas potencias, logrando no solo inversiones iniciales, sino también una efectiva transferencia de conocimiento, tecnología e industrialización avanzada de sus recursos minerales. Países como Indonesia, que impuso restricciones específicas a la exportación para fomentar la producción local de baterías y componentes tecnológicos avanzados; Finlandia, que sin grandes reservas minerales propias ha consolidado una industria líder en química especializada para baterías; o Corea del Sur, que desarrolló ecosistemas tecnológicos mineros completos mediante alianzas tecnológicas estratégicas, demuestran que la verdadera ventaja no reside solo en atraer capital externo, sino en asegurar la transferencia efectiva y estructural de conocimiento y tecnologías.

La clave para América Latina no radica en decidir únicamente con qué potencia global asociarse, sino en definir cómo se negocia estratégicamente para asegurar esa transferencia de conocimiento. Esto implica desarrollar políticas claras para elevar la capacidad tecnológica local, promover acuerdos explícitos de transferencia técnica en cada proyecto minero significativo y garantizar que las inversiones no terminen únicamente en la extracción y exportación básica de materias primas, sino que impulsen cadenas industriales integradas.

Esta visión estratégica permitiría a cada país latinoamericano pasar del rol tradicional de proveedor de concentrados minerales básicos hacia el desarrollo de tecnologías propias, valor agregado local y un ecosistema productivo avanzado. Para ello, es esencial fortalecer instituciones capaces de diseñar y sostener políticas tecnológicas y productivas estables, más allá de los ciclos políticos.

En definitiva, lo que realmente está en juego para los países latinoamericanos en esta disputa geopolítica no es únicamente el acceso a recursos externos, sino la capacidad para apropiarse del conocimiento necesario para transformar su abundancia minera en una ventaja competitiva sostenible y propia. Esto determinará si la región se convierte en un actor real y autónomo en el nuevo orden tecnológico global, o continúa limitándose a entregar recursos estratégicos sin desarrollar plenamente su potencial interno.

América Latina ante su encrucijada minera

Al comienzo de este capítulo nos preguntamos: ¿Qué rol juega realmente América Latina en la disputa global por los minerales estratégicos? Responder esta pregunta implica reconocer primero lo que América Latina no es. No es un bloque homogéneo ni una entidad geopolítica coordinada. Tampoco es un simple depósito geológico de minerales esperando ser extraídos.

América Latina es, por sobre todo, un territorio profundamente político, en el cual la minería ha dejado de ser únicamente una cuestión técnica o económica para convertirse en un verdadero eje estratégico que define modelos de país, condiciona decisiones políticas internas, y posiciona a las naciones frente a las potencias globales en pugna.

A lo largo de este análisis hemos recorrido distintas realidades nacionales, y en cada una de ellas se refleja con claridad esta condición política y estratégica que atraviesa a la minería en la región.

Argentina, históricamente atrapada en la promesa, ha comenzado a despertar mediante un modelo pragmático pro-inversión que, sin embargo, aún debe consolidar la legitimidad territorial y estabilidad macroeconómica para transformar potencial en realidad.

Chile, tradicional líder institucional y minero, atraviesa hoy una pausa estratégica. No está paralizado, pero tampoco ha definido plenamente su dirección futura. Su desafío es claro: mantener la legitimidad histórica y la estabilidad institucional mientras logra responder con velocidad y decisión frente a la nueva competencia global.

Perú, de enorme potencial geológico, enfrenta fracturas profundas en su gobernanza territorial. Su reto es urgente y político: restaurar la confianza social y operativa que le permita volver a ser competitivo a largo plazo, superando la incertidumbre estructural que lo limita.

Brasil presenta un modelo singular, sólido y estratégicamente adelantado en minerales como el niobio. Es un caso de éxito regional, que muestra cómo una visión industrial integrada y sostenida en el tiempo permite pasar de proveedor básico a jugador estratégico global. El desafío pendiente es replicar esta lógica industrial hacia recursos emergentes como el litio.

Bolivia, aferrada a un discurso de soberanía nacional, enfrenta la dura realidad de su limitada capacidad operativa e institucional. Su dilema esencial es cómo transformar la soberanía discursiva en resultados concretos, con una estrategia pragmática y efectiva.

México oscila entre la soberanía estatal impulsada en los últimos años y la urgente necesidad de recuperar la confianza internacional. El país tiene la oportunidad histórica de construir un nuevo equilibrio estratégico que combine control soberano con competitividad operativa, siempre que supere tensiones estructurales pendientes, como la gestión ambiental o la inseguridad territorial.

Colombia, finalmente, presenta un potencial claramente interrumpido por su fragilidad en la gobernanza minera y sus conflictos territoriales profundos. Su desafío inmediato no es geológico ni económico, sino político e institucional. Para avanzar, necesita superar la incertidumbre regulatoria y el bloqueo territorial que limitan su capacidad estratégica.

Aunque diversos, estos casos comparten una misma condición esencial: en todos ellos, la minería no es simplemente extracción de minerales, sino un reflejo explícito de dinámicas políticas profundas que condicionan su desarrollo. La verdadera riqueza de América Latina ya no radica únicamente en el subsuelo, sino en la calidad y coherencia estratégica de sus decisiones políticas. Porque en un mundo donde los minerales críticos son piezas clave para la transición energética, la revolución tecnológica y la seguridad global, la ventaja real de América Latina estará en su capacidad para transformar su abundancia geológica en poder político y económico sostenible.

Frente a esta realidad, América Latina se encuentra hoy ante una clara encrucijada estratégica. Las potencias globales en pugna — China, Estados Unidos y Europa— presentan propuestas diferentes, pero ninguna garantiza por sí misma el desarrollo estratégico integral de la región. El modelo chino ofrece velocidad, inversión directa e infraestructura, pero no asegura por defecto transferencia tecnológica profunda ni desarrollo industrial autónomo. El modelo occidental, por su parte, impulsa estándares elevados, gobernanza multilateral y sostenibilidad, pero no siempre aporta la velocidad, la escala ni la capacidad operativa inmediata que la región requiere.

Por lo tanto, la pregunta ya no es con qué potencia alinearse, sino cómo negociar estratégicamente para asegurar la transferencia efectiva de conocimiento, tecnología y capacidad industrial avanzada. El ejemplo más claro lo ofrece Brasil con su estrategia exitosa en el niobio, controlando la cadena de valor completa, desde la mina hasta la fabricación avanzada de componentes tecnológicos estratégicos. En contraste, otros países latinoamericanos aún permanecen atrapados en una dinámica exportadora básica, perdiendo la oportunidad histórica de desarrollar industrias tecnológicas propias.

La Minería ha Muerto. Larga Vida a la Minería Geopolítica

Para que América Latina pueda transformar verdaderamente su riqueza mineral en influencia estratégica, debe abordar con urgencia los tres síntomas estructurales que hemos analizado a lo largo del capítulo: dependencia histórica de exportaciones sin valor agregado, inestabilidad regulatoria persistente, y expansión acelerada de la minería ilegal. Resolver estos desafíos implica una apuesta decidida por la industrialización tecnológica, la estabilidad regulatoria, y la legitimidad social y territorial.

La región no necesita soluciones fragmentadas ni reformas superficiales, sino una verdadera transformación estructural basada en decisiones políticas claras, estratégicas y sostenidas en el tiempo. La minería del siglo XXI exige una gobernanza minera integrada, instituciones sólidas, capacidad tecnológica local, e incentivos estratégicos explícitos para atraer inversión de calidad, que transforme minerales básicos en industrias tecnológicamente avanzadas.

¿Qué rol jugará entonces América Latina en la disputa global por los minerales estratégicos? La respuesta está hoy abierta, esperando ser definida por las decisiones estratégicas que cada país tome en esta encrucijada histórica. La región no está condenada a repetir su rol periférico. Tiene frente a sí la oportunidad real de redefinir estratégicamente su futuro minero y tecnológico, de posicionarse como un actor verdaderamente autónomo y relevante en la nueva arquitectura geopolítica global.

La minería tradicional ha muerto. Ha llegado el tiempo de la nueva minería geopolítica. Una minería latinoamericana que, más allá de extraer, sea capaz de transformar, innovar, y negociar estratégicamente su rol en el mundo que viene.

CINCO

¿Puede el continente Africano fragmentado negociar como potencia?

Durante décadas, África fue tratada como un territorio disputado por intereses externos. Un tablero de ajedrez donde otros movían las piezas. Pero en los últimos años, algo comenzó a cambiar. África ha empezado a construir una estrategia común. Agenda 2063, el Área de Libre Comercio Continental Africana (AfCFTA), y nuevas alianzas transfronterizas muestran que el continente no solo tiene recursos, sino también una hoja de ruta

Este capítulo parte de una pregunta clave: ¿puede un continente con realidades políticas, económicas y culturales tan diversas negociar como una potencia geopolítica en la nueva era de los minerales estratégicos? Más que buscar una respuesta definitiva, examinamos las señales que apuntan a que esa posibilidad está tomando forma. Observamos cómo África ha empezado a proyectar colectivamente el futuro de su riqueza mineral, desde marcos continentales como la Agenda 2063 y el AfCFTA, hasta políticas nacionales que priorizan el valor agregado y la industrialización en origen. Al mismo tiempo, analizamos las tensiones que persisten: la distancia entre las estrategias regionales y su aplicación en terreno, la competencia interna por atraer inversión, las brechas de infraestructura y la influencia de actores externos que moldean —y a veces condicionan— las decisiones.

A través de un recorrido por quince países clave en el mapa de los minerales estratégicos, este capítulo explora la complejidad real del continente: desde casos que han logrado traducir sus recursos en poder negociador, como Botsuana o Namibia, hasta contextos desafiantes como la República Democrática del Congo o Guinea. No se trata de idealizar ni de reducir África a sus problemas, sino de entender un proceso aún en marcha: el intento de negociar en mejores condiciones, capturar mayor valor agregado y decidir, con mayor autonomía, qué lugar ocupar en las nuevas cadenas globales de suministro y tecnología.

La historia aún no está escrita, pero el mensaje es claro: África ya no es solo un terreno de extracción. Está construyendo su lugar en el nuevo orden minero.

Un consenso sin precedentes

En un continente tan diverso como África, donde las diferencias políticas, lingüísticas, económicas y culturales a menudo parecen insalvables, hay un hecho que merece atención especial: los 54 Estados miembros de la Unión Africana —que abarcan la totalidad del continente— han firmado tanto la Agenda 2063 como el Área de Libre Comercio Continental Africana (AfCFTA) (African Union, 2015; African Union, 2018). No se trata solo de un acto administrativo o diplomático: es un hito que demuestra que, cuando hay un objetivo estratégico claro, la diversidad puede convertirse en cohesión.

La Agenda 2063, adoptada oficialmente en enero de 2015 durante la Cumbre de la Unión Africana en Addis Abeba, es más que un plan de desarrollo: es una hoja de ruta de cincuenta años que proyecta a África como un actor próspero, integrado y capaz de utilizar sus recursos —incluidos los minerales estratégicos— para impulsar su propio desarrollo (African Union, 2015). Sigue vigente y su "Segundo Plan Decenal" (2024–2033) ya está en marcha, con énfasis en industrialización, integración regional y gobernanza de recursos naturales (African Union, 2024).

El AfCFTA, firmado en marzo de 2018 en Kigali y en vigor desde el 1 de enero de 2021, es el acuerdo comercial más grande del mundo en número de participantes. Sus 54 signatarios se comprometieron a reducir aranceles, armonizar normas y crear un mercado único de 1.300 millones de personas (African Union, 2018; African Union, 2021). Está plenamente vigente y en fase de implementación progresiva, con negociaciones avanzadas sobre reglas de origen y liberalización de servicios.

Este logro no fue casual. Se gestó a través de años de cumbres, negociaciones técnicas y compromisos políticos, respaldados por una narrativa poderosa: la necesidad de pasar de una inserción fragmentada en la economía global a una posición de bloque, capaz de negociar colectivamente mejores términos con grandes potencias y empresas multinacionales. En ese proceso, la minería y los recursos naturales estuvieron siempre presentes como ejes estratégicos de la integración.

El momento geopolítico en que ambos acuerdos se afianzan refuerza su significado. En 2023, la Unión Africana fue admitida como miembro permanente del G20, otorgando al continente una plataforma directa para influir en la agenda económica global (G20 India, 2023). Esta incorporación reconoce que África, unida, no solo es un espacio geográfico con abundancia de recursos, sino un actor político con legitimidad para participar en las decisiones económicas que moldean el orden mundial.

Más allá de los desafíos que persisten en la implementación —desde la infraestructura física hasta la armonización efectiva de regulaciones—, el hecho de que todos los países firmaran es en sí mismo una señal política al mundo. África puede coordinarse. Puede hablar con una sola voz cuando el objetivo es suficientemente importante. Y si lo ha hecho en el plano comercial y de desarrollo, también podría hacerlo para defender y proyectar sus intereses en la nueva geopolítica de los minerales.

En el contexto de este capítulo, este consenso es más que un antecedente: es una prueba tangible de que la pregunta que lo abre — ¿puede un continente fragmentado negociar como potencia?— ya ha tenido, al menos una vez, una respuesta afirmativa.

La riqueza mineral de África y la carrera global

África alberga una porción significativa de los minerales que sostendrán la economía del siglo XXI. Se estima que el continente concentra aproximadamente el 30% de las reservas mundiales conocidas de minerales críticos (Chen et al., 2024). Estos recursos son esenciales para tecnologías de energía limpia, industrias electrónicas, sistemas de defensa, inteligencia artificial y cadenas logísticas estratégicas. Solo en el África subsahariana se encuentra alrededor de un tercio de las reservas globales de cobalto, litio y níquel— componentes clave para baterías, servidores, centros de datos y redes eléctricas. La República Democrática del Congo, por ejemplo, representa más del 70% de la producción mundial de cobalto y concentra cerca de la mitad de las reservas globales de este metal estratégico. Sudáfrica, Gabón y Ghana, en conjunto, producen más del 60% del manganeso mundial, otro insumo relevante para aleaciones avanzadas y tecnologías industriales (Chen et al., 2024). A ello se suman proporciones relevantes de tierras raras, grafito, cobre, níquel, uranio y el dominio casi exclusivo de Sudáfrica en platino, con más del 70% de la producción global en 2022 (World Population Review, 2023).

Esta dotación ha convertido a África en un espacio estratégico en disputa. El auge de tecnologías como la inteligencia artificial, la computación cuántica, la infraestructura digital, los sistemas de defensa autónoma y la transición energética está impulsando una demanda explosiva de minerales críticos. Y con ella, se acelera la competencia global por asegurar el acceso a los yacimientos africanos.

Según la Agencia Internacional de Energía, el consumo de cobalto podría triplicarse y el de litio multiplicarse por diez hacia 2050

(IEA, 2021, en Chen et al., 2024). Pero estas proyecciones no capturan todo el espectro: minerales como el cobre, las tierras raras o el grafito son hoy insumos esenciales para mantener activos sectores como los semiconductores, los satélites, la industria armamentística y los vehículos eléctricos. En este nuevo escenario, África emerge como una pieza crítica para las potencias que compiten por autonomía industrial y supremacía tecnológica.

China ya se ha consolidado como el actor dominante: absorbe cerca del 20% de las exportaciones totales del África subsahariana —una proporción que la convierte en el primer socio comercial individual de la región—, y concentra la mayoría en materias primas minerales. Además, controla la mitad de las diez minas de cobalto más grandes del mundo, todas en la RDC, lo que le permite asegurar cadenas de suministro integradas que conectan directamente los yacimientos africanos con refinerías y fábricas en Asia (CFR, 2025; Way, 2024). Frente a este avance, Estados Unidos y Europa intentan recuperar terreno con asociaciones estratégicas, incentivos financieros y nueva diplomacia minera.

Pero a diferencia de ciclos anteriores, los gobiernos africanos no observan esta carrera desde la pasividad. Existe hoy una mayor conciencia del poder de negociación que representa su dotación mineral. El hecho de concentrar cerca de un tercio de los recursos críticos globales les permite, en la medida en que coordinen sus políticas, imponer nuevas condiciones: mayor agregación de valor, alianzas industriales y presencia local en las cadenas de suministro. "África tiene que ser dueña de su propio destino", señaló en 2022 el presidente de la RDC, Félix Tshisekedi, al destacar que su país y Zambia concentran al menos el 80% de los minerales necesarios para fabricar baterías eléctricas (UNECA, 2022). La naciente Estrategia Africana de Minerales Verdes va en esa misma dirección: los minerales africanos deben servir al desarrollo africano, no limitarse a alimentar industrias extranjeras (UNCTAD, 2023).

Sin embargo, el continente enfrenta una tensión estructural: el auge de los minerales críticos puede convertirse en un punto de inflexión, o en la repetición de un patrón ya conocido. Aprovechar este momento exige algo más que recursos. Se necesita cooperación entre Estados, gobernanza efectiva, infraestructura adecuada y capacidad para traducir potencial en captura real de valor.

En las siguientes secciones, se analizan quince países clave del continente, tanto por su peso geológico como por su posicionamiento estratégico, para comprender con mayor claridad las oportunidades y tensiones que atraviesa hoy el mapa minero africano.

Quince países clave: perfiles de actores geopolíticos en minería

Más allá de sus fronteras compartidas, África es un continente plural. Sus recursos están distribuidos de forma desigual, sus modelos de gobernanza son diversos, y su inserción en las cadenas globales de valor responde a historias políticas muy distintas. Pero entender su potencial estratégico requiere mirar de cerca. Este recorrido por quince países clave no busca ordenar jerárquicamente ni etiquetar. Busca, más bien, mostrar cómo cada nación —desde su punto de partida y su propio equilibrio— está tomando decisiones que moldean el nuevo mapa minero africano.

República Democrática del Congo: abundancia crítica, gobernanza en construcción

Pocas geografías del mundo concentran tanta relevancia geoestratégica como la República Democrática del Congo (RDC). Con más del 70% de la producción global de cobalto y aproximadamente la mitad de sus recursos conocidos, el país se ubica en el corazón de la nueva disputa tecnológica global. La región de Katanga, además, alberga cobre, coltán, litio sin desarrollar y una diversidad de recursos que lo convierten en un nodo esencial para sectores como defensa, baterías, computación cuántica e inteligencia artificial.

Pero esa centralidad geológica no se traduce automáticamente en estabilidad institucional. La RDC arrastra una historia de fragmentación territorial, gobernanza discontinua y debilidad fiscal que complejiza el desarrollo del sector minero. Aunque en 2018 el país reformó su código minero para mejorar las regalías y exigir contenido local, la implementación ha sido irregular. La coexistencia de minería industrial con operaciones artesanales, tensiones comunitarias y redes informales de extracción genera una dinámica difusa, donde las instituciones formales muchas veces no logran ordenar el ecosistema minero.

En el plano internacional, la RDC se mueve entre fuerzas globales que compiten por sus recursos. Empresas chinas controlan gran parte de las principales minas de cobalto y cobre, y han tejido cadenas logísticas integradas que conectan directamente Katanga con refinerías en Asia. A la vez, el país ha dado señales de apertura hacia Occidente: en 2022, firmó con Zambia —con apoyo de Estados Unidos— un memorando para desarrollar una cadena de valor regional de baterías. Ese movimiento no solo busca diversificar alianzas, sino también reclamar un rol activo en la industrialización africana. La RDC no es solo una potencia geológica: es también un espejo de los dilemas más profundos de África en esta etapa. Su potencial es inmenso, pero su desafío es convertir recursos en legitimidad, y presencia en poder.

Sudáfrica: potencia minera con voz política

Sudáfrica representa uno de los modelos más consolidados de minería en el continente. Con una cartera de minerales que incluye platino, manganeso, cromo, vanadio, tierras raras, oro y carbón, el país ha mantenido una posición estratégica en la producción global durante décadas. Su liderazgo en platino —con cerca del 74% del mercado mundial— lo convierte en un actor central en segmentos industriales y tecnológicos de alto valor agregado.

Pero más allá de los recursos, Sudáfrica proyecta algo distinto: institucionalidad. Su marco legal es robusto, su poder judicial actúa con independencia, y su economía es la más industrializada del continente. Esta estructura le ha permitido sostener una minería con reglas relativamente claras y capacidad de negociación. Aun así, el país enfrenta tensiones persistentes: apagones eléctricos prolongados, altos niveles de desempleo y debates sobre nacionalización han generado incertidumbre en los últimos años, afectando la fluidez de nuevas inversiones.

En el plano geopolítico, Sudáfrica no solo produce: también habla. Es miembro activo de los BRICS, mantiene fuertes vínculos con China —su principal socio comercial—, pero también con Estados Unidos y la Unión Europea. Ha sabido posicionarse como vocera africana en foros como el G20, y su experiencia en beneficiación local y empoderamiento económico post-apartheid ha servido de referencia en el diseño de marcos de inclusión económica. Sudáfrica no está libre de contradicciones, pero representa un caso donde la minería no es solo técnica ni fiscal: es también política, histórica y diplomática. En un continente que busca mayor protagonismo, Sudáfrica sigue siendo una de las voces mejor posicionadas para moldear las reglas del nuevo orden minero.

Zambia: entre gobernabilidad democrática y ambición regional

Zambia ha sido, históricamente, una potencia minera del cobre. Segundo productor del continente —después de la RDC—, el cobre representa más del 70% de sus exportaciones y constituye el eje económico y político del país. Aunque su participación en la producción global de cobalto es más modesta, comparte con su vecino congoleño la llamada franja del cobre-cobalto, una de las regiones más estratégicas del mundo para el abastecimiento de baterías eléctricas.

A diferencia de otros contextos africanos, Zambia ha mostrado una gobernabilidad democrática más consistente, con sucesivas transiciones pacíficas de poder y una apertura progresiva a la inversión extranjera. Desde la llegada al poder del presidente Hakainde Hichilema en 2021, el país ha reforzado su compromiso con la transparencia, la estabilidad macroeconómica y la revisión de los marcos regulatorios. Las reformas del nuevo gobierno, incluida la reducción de regalías para atraer inversiones, buscan reposicionar a

Zambia como un destino competitivo en la nueva era de minerales críticos.

Pero lo que distingue a Zambia no es solo su estabilidad, sino su ambición regional. En alianza con la RDC, y con el respaldo de Estados Unidos, ha impulsado la creación de una cadena africana de baterías eléctricas, que aspira a ir más allá de la extracción para desarrollar manufactura y ensamblaje local. Este movimiento, aún en etapa inicial, es simbólicamente potente: refleja la voluntad de transformar minerales en tecnología, y geografía en estrategia. Zambia, sin renunciar a su tradición exportadora, busca ahora construir un nuevo rol en la cadena de valor global.

Zimbabue: entre reformas tácticas y persistencias estructurales

Zimbabue posee una riqueza geológica notable. Tercera reserva mundial de platino, importante productor de oro, cromo, níquel y litio, ha comenzado a destacarse como uno de los principales actores africanos en minerales críticos, en particular por sus depósitos de litio en roca dura. En 2022, el país se convirtió en el mayor productor de litio del continente, con proyectos en expansión liderados por capital chino.

Sin embargo, esta riqueza opera en un contexto institucional complejo. Zimbabue ha vivido décadas de centralización política, aislamiento internacional y cambios abruptos de reglas que han afectado la confianza de los inversores. El gobierno actual, liderado por Emmerson Mnangagwa, ha intentado reactivar el sector minero mediante políticas audaces: en 2022 prohibió la exportación de litio sin procesar, exigiendo el desarrollo de capacidades locales de refinación. La medida busca forzar el valor agregado en origen, replicando parcialmente la estrategia indonesia. Pero su implementación ha sido desigual y las tensiones regulatorias siguen presentes.

Zimbabue es cortejado principalmente por China y Rusia, con menor presencia occidental debido a las sanciones vigentes. En este escenario, el país actúa como un actor que intenta reinsertarse en las cadenas de valor global desde una lógica de soberanía y control. Pero enfrenta un dilema persistente: sin un entorno predecible y con debilidad institucional, la captura de valor sigue siendo frágil. Zimbabue se mueve entre el pragmatismo de sus decisiones tácticas y las resistencias profundas de un modelo político que aún no ha terminado de abrirse.

Namibia: minerales críticos y una visión clara de industrialización

Namibia ha comenzado a posicionarse como un actor estratégico en la nueva geopolítica de los minerales. Con grandes reservas de uranio —es el cuarto productor mundial— y nuevos descubrimientos de litio y tierras raras en las regiones de Erongo y Karas, el país ha captado rápidamente la atención de inversores globales que buscan asegurar insumos para tecnologías limpias, defensa y transición digital.

Pero lo que distingue a Namibia no es solo su dotación mineral, sino su claridad institucional. Con una democracia estable desde 1990 y una gobernanza reconocida por su transparencia, el país ha adoptado una postura firme: no quiere repetir el patrón de exportar minerales en bruto. En 2023, prohibió la exportación sin procesar de litio y otros minerales estratégicos, exigiendo refinación local como condición para operar. Lejos de ser una consigna simbólica, la medida ha sido acompañada por acciones concretas —incluyendo la detención de cargamentos no autorizados— y por negociaciones activas para atraer plantas de procesamiento y proyectos de valor agregado.

Namibia se presenta así como un modelo institucional sobrio, no estridente, pero determinado. Busca convertirse en un hub de procesamiento regional, aprovechando su infraestructura relativamente avanzada y su equilibrio diplomático: colabora tanto con inversores occidentales como chinos, sin depender de ninguno. En un continente que aún debate cómo capturar valor, Namibia ya está diseñando su hoja de ruta.

· · ·

La Minería ha Muerto. Larga Vida a la Minería Geopolítica

Botsuana: cuando los minerales financian desarrollo

Botsuana es, sin duda, una de las historias más excepcionales del continente africano en materia de gobernanza minera. Conocido globalmente por sus diamantes —es el principal productor por valor— el país ha logrado algo inusual: convertir la riqueza minera en un proyecto nacional de desarrollo, sin caer en los patrones de dependencia o captura que han afectado a tantos otros.

Desde su independencia en 1966, Botsuana ha mantenido una democracia multipartidista estable, baja corrupción y una política fiscal prudente. Su modelo de asociación estratégica con De Beers, a través de la empresa conjunta Debswana (50/50), le ha permitido negociar de forma progresiva una mayor participación en el negocio diamantífero. En 2023, Botsuana logró que su empresa estatal comercializara directamente el 30% de la producción de diamantes, con el objetivo de alcanzar el 50% hacia 2030. Estos ingresos no se han diluido: han sido reinvertidos en salud, educación, infraestructura y en el fondo soberano Pula, una herramienta de estabilización económica intergeneracional.

Botsuana muestra que no hace falta tener todos los minerales para ejercer liderazgo. Con políticas estables, visión de largo plazo y negociaciones firmes pero realistas, el país se ha consolidado como referencia de cómo transformar recursos naturales en bienestar colectivo. Mientras otros luchan por atraer inversión, Botsuana pone condiciones —y aún así, sigue siendo elegido.

Mozambique: grafito estratégico en un contexto desafiante

Mozambique ha emergido en los últimos años como un actor relevante en minerales críticos, especialmente por sus grandes reservas de grafito natural en la provincia de Cabo Delgado. El proyecto Balama, operado por una firma australiana, ha convertido al país en uno de los principales productores mundiales de grafito, un insumo clave para los ánodos de baterías de litio. A ello se suman recursos importantes de arenas minerales, carbón metalúrgico, oro y tierras raras en fase exploratoria.

Pero el potencial geológico convive con una realidad institucional compleja. La gobernanza enfrenta tensiones crónicas: escándalos financieros, capacidades regulatorias débiles y una insurgencia armada en el norte del país han generado riesgos de seguridad que afectan incluso proyectos mineros estratégicos. El conflicto en Cabo Delgado obligó a detener temporalmente operaciones en 2021, ilustrando la fragilidad del entorno operativo. A pesar de estas dificultades, el gobierno ha avanzado en reformas legales, promoviendo contenido local y procesamiento en origen. Se proyecta, por ejemplo, una planta de grafito apto para baterías, con la intención de pasar de la extracción al valor agregado.

Mozambique sintetiza el dilema de varios países africanos: riqueza bajo el suelo, desafíos sobre él. Mientras las empresas evalúan riesgos y oportunidades, el Estado busca sostener inversión sin renunciar a la narrativa de desarrollo soberano. El camino no está libre de obstáculos, pero la apuesta sigue en pie.

Ghana: oro, estabilidad y ambición industrial

Ghana es el mayor productor de oro de África desde 2019 y una referencia continental en estabilidad democrática. Su historia minera es larga: desde la época en que era conocida como la Costa del Oro, el país ha sido un actor clave en el mercado global. A ello se suman reservas de bauxita, manganeso, litio en exploración avanzada y diamantes en menor escala. Este portafolio diversificado ha permitido a Ghana mantener relevancia geológica, incluso frente a nuevos protagonistas.

Lo que distingue a Ghana es su institucionalidad funcional. Con una Comisión de Minerales activa, elecciones competitivas y una regulación razonablemente transparente, el país ha conseguido posicionarse como destino confiable. Ha impulsado normas de contenido local, campañas contra la minería ilegal —como el galamsey—

y recientemente ha iniciado proyectos para refinar más oro dentro del país. También explora la posibilidad de desarrollar una cadena de valor en aluminio, a partir de su bauxita y su planta Valco.

Ghana combina pragmatismo y ambición. Ha negociado acuerdos de infraestructura a cambio de minerales con China, pero mantiene vínculos estrechos con Estados Unidos y la Unión Europea. Su orientación no es ideológica, sino estratégica. No busca solo exportar: busca posicionarse en los eslabones industriales, con políticas aún incipientes pero coherentes con una visión de desarrollo más amplio.

Guinea: riqueza mineral y el desafío de la estabilidad

Guinea es, sin exageración, uno de los territorios más ricos del mundo en términos de recursos. Posee entre el 23% y el 25% de las reservas conocidas de bauxita a nivel global —el mineral base del aluminio— y es el segundo mayor exportador del planeta. También alberga reservas de hierro de alta ley en Simandou, uno de los yacimientos más codiciados y postergados del mundo, además de depósitos relevantes de oro, diamantes, uranio y tierras raras.

Pero esa riqueza coexiste con una fragilidad institucional persistente. En 2021, un golpe militar interrumpió el orden constitucional, y si bien la transición ha sido relativamente estable, el entorno político sigue siendo volátil. La relación con las grandes potencias mineras está marcada por intereses cruzados: China domina el sector de la bauxita a través de consorcios como SMB-Winning, Rusia mantiene operaciones importantes, y empresas occidentales como Rio Tinto intentan mantener presencia en proyectos clave como Simandou.

El gobierno ha ensayado medidas para retener más valor: exigir refinerías locales de alúmina, establecer precios de referencia para exportaciones y avanzar con corredores ferroviarios. Pero sin estabilidad regulatoria ni institucional sostenida, la captura real de valor sigue en entredicho. Guinea es una potencia geológica que, una y otra vez, camina sobre una cuerda floja entre el desarrollo industrial y la reproducción del viejo modelo extractivo.

Marruecos: fosfatos, diplomacia y una estrategia industrial propia

A diferencia de otros países africanos centrados en metales para baterías, Marruecos ha construido su poderío minero sobre el fosfato. Con cerca del 70% de las reservas mundiales de roca fosfórica —la materia prima del fosfato—, Marruecos ha transformado un mineral agrícola en una plataforma estratégica global. El grupo estatal OCP —el mayor productor mundial de fertilizantes fosfatados— ha liderado una industrialización aguas abajo (downstream) que hoy posiciona a Marruecos como proveedor no solo de materias primas, sino de productos elaborados con alto valor agregado.

Pero el país no se ha quedado en el plano económico. Ha utilizado su liderazgo en fosfatos como instrumento diplomático, consolidando alianzas en África mediante plantas de fertilizantes construidas en países socios y precios preferenciales. A la vez, se proyecta hacia nuevas cadenas tecnológicas: el país explora cómo convertir sus reservas de fosfato en materia prima para cátodos de baterías LFP (fosfato de hierro y litio) y cómo integrar fertilizantes verdes en proyectos de hidrógeno.

Marruecos mantiene vínculos estrechos con Estados Unidos y la Unión Europea, pero también participa de la iniciativa china de la Franja y la Ruta. La ambigüedad es deliberada: busca posicionarse como socio confiable y sofisticado, sin quedar atado a un solo bloque. Aunque la cuestión del Sáhara Occidental introduce ruido geopolítico —algunos compradores evitan productos originados en ese territorio—, el enfoque técnico, industrial y diplomático del país lo convierte en uno de los casos más avanzados de integración minera y política en el continente.

Gabón: entre estabilidad económica y reconfiguración política

Gabón ha sido durante años un actor relevante en el mercado global del manganeso, compartiendo protagonismo con Sudáfrica en la provisión de este mineral clave para aleaciones y baterías. A ello se suman reservas de hierro, oro, uranio y petróleo —este último en declive— que han sostenido una economía históricamente dependiente de recursos. La mina de Moanda, operada por la francesa Eramet, es una de las más importantes del continente en su tipo.

Lo distintivo de Gabón ha sido su nivel de desarrollo humano e infraestructura, relativamente alto en comparación con otros países africanos. Sin embargo, ese modelo se ha sostenido durante décadas sobre una arquitectura política de baja alternancia, marcada por el dominio de la familia Bongo. En 2023, un golpe militar interrumpió esa continuidad, abriendo una nueva etapa aún incierta. La transición, hasta ahora pacífica, deja abierta la pregunta de si el país mantendrá un enfoque proinversión o si redefinirá su modelo de inserción.

Gabón intenta diversificar su matriz económica con nuevos proyectos de procesamiento local, como la planta de silicomanganeso de Eramet o la futura explotación de hierro en Belinga, en asociación con empresas chinas. También ha comenzado a posicionarse en mercados ambientales, explorando el comercio de créditos de carbono y liderando iniciativas de conservación. Su desafío no es técnico ni geológico: es político. ¿Podrá sostener su infraestructura y su atractivo inversor mientras redefine su contrato social?

Mali: oro, litio y tensiones geopolíticas

Mali ha sido históricamente un país aurífero. Tercer productor de oro de África —después de Ghana y Sudáfrica—, el metal representa cerca del 75% de sus exportaciones. En los últimos años, el país ha captado atención internacional por otro motivo: el descubrimiento del yacimiento de litio en Goulamina, uno de los más grandes del continente. Este proyecto, desarrollado por empresas chinas y australianas, apunta a convertir a Mali en un nuevo actor en la cadena de suministro de baterías eléctricas.

Pero el crecimiento mineral ocurre en un entorno de alta complejidad. El país ha atravesado dos golpes de Estado recientes, está gobernado por una junta militar y enfrenta una crisis de seguridad persistente, especialmente en el norte y centro del país, donde operan grupos armados. La salida de las tropas francesas y el acercamiento del gobierno a Rusia —incluida la presencia del grupo Wagner— han reconfigurado su mapa de alianzas, alejando al país de los marcos multilaterales occidentales.

Aun así, Mali continúa recibiendo inversión minera, principalmente en oro, y ha actualizado su código minero para capturar más valor. El problema es que buena parte de la producción sigue saliendo por vías informales: contrabando, minería artesanal no regulada y cadenas de comercialización opacas. El litio ofrece una nueva oportunidad, pero también una pregunta de fondo: ¿puede un país inmerso en tensiones internas convertirse en proveedor estratégico de minerales para la transición global?

Tanzania: del nacionalismo de recursos a una agenda industrial gradual

Tanzania ha sido tradicionalmente un país minero de oro, diamantes y gemas únicas como la tanzanita. En los últimos años, sin embargo, ha comenzado a posicionarse como un actor emergente en minerales críticos como níquel, grafito y tierras raras. El depósito Kabanga —uno de los más ricos del mundo en níquel sin desarrollar— y los proyectos de grafito en Epanko y Bunyu le otorgan una posición estratégica en la futura cadena de suministro de baterías.

El país ha oscilado entre políticas de control soberano y señales de apertura. Bajo la presidencia de John Magufuli, Tanzania adoptó un enfoque nacionalista: renegoció contratos, impuso regalías más altas, prohibió exportaciones de concentrados y exigió fundiciones locales. Esa etapa tensó la relación con varios inversores, pero sentó las bases para una visión de industrialización en origen. Desde 2021, la presidenta Samia Suluhu ha equilibrado el enfoque: mantiene la propiedad estatal mínima en proyectos estratégicos, pero ha flexibilizado mecanismos de operación, permitiendo avanzar con proyectos como Kabanga Nickel, que contempla refinación local.

La estrategia actual es clara: evitar la dependencia de la extracción primaria y apostar por el procesamiento en territorio nacional. Con infraestructura en expansión —como el nuevo tren de ancho estándar y mejoras en el puerto de Dar es Salaam—, Tanzania quiere exportar productos refinados, no solo minerales en bruto. La pregunta clave es si logrará consolidar este enfoque sin retrocesos políticos y con socios tecnológicos que acompañen el proceso.

Angola: tierras raras, petróleo y una nueva narrativa de diversificación

Angola es conocida por su petróleo y diamantes, pero en los últimos años ha comenzado a reconfigurar su perfil minero. El país alberga grandes reservas de hierro, fosfatos, oro y, de manera creciente, tierras raras. El proyecto Longonjo, liderado por la australiana Pensana, ha colocado a Angola en el radar de los nuevos materiales estratégicos necesarios para imanes, turbinas eólicas y movilidad eléctrica. En paralelo, hay exploraciones incipientes en litio y cobre que podrían ampliar su matriz extractiva.

Luego de décadas de guerra civil y concentración del poder, Angola ha iniciado reformas que, si bien no modifican su sistema presidencial fuerte, sí abren espacio a nuevas dinámicas. Desde 2017, el gobierno ha promovido privatizaciones parciales de las empresas estatales Endiama (diamantes) y Sonangol (petróleo), ha actualizado su legislación minera y ha ofrecido nuevas licencias en minerales estratégicos. El objetivo declarado: diversificar la economía, reducir la dependencia del petróleo y atraer capital extranjero con condiciones modernas.

China sigue siendo un actor dominante, especialmente como comprador de crudo e inversor en infraestructura. Sin embargo, Angola también ha buscado socios occidentales para desarrollar nuevos minerales, incluyendo a Rio Tinto y juniors australianas en proyectos de tierras raras. Con el relanzamiento del ferrocarril de Benguela —que conecta el interior con el Atlántico—, el país apunta a convertirse en un nodo logístico y mineral del sur de África. Angola quiere pasar de ser un proveedor de commodities a un actor industrial. El plan está trazado. El desafío será sostenerlo con instituciones creíbles y una agenda técnica libre de inercia política.

Madagascar: grafito, biodiversidad y una gobernanza aún en disputa

Madagascar se está posicionando como uno de los países africanos con mayor proyección en la cadena global de minerales estratégicos, gracias a sus reservas de grafito de alta calidad, insumo clave para baterías eléctricas, electrodos industriales y aplicaciones tecnológicas avanzadas.

También produce níquel y cobalto en la mina Ambatovy —uno de los complejos lateríticos más importantes del continente—, además de ilmenita, cromita, oro, piedras preciosas y depósitos exploratorios de tierras raras y litio. Su diversidad mineral es notable, y su potencial para abastecer tecnologías verdes es cada vez más visible.

Pero ese potencial convive con una gobernanza débil y condiciones estructurales desafiantes. Madagascar ha vivido ciclos de inestabilidad política —incluidos golpes de Estado y elecciones tensas—, y su institucionalidad es frágil. La presión sobre sus ecosistemas, la pobreza estructural y la politización de contratos extractivos hacen que el país opere bajo condiciones de alta incertidumbre. Aun así, ha logrado atraer inversión extranjera, principalmente en proyectos de gran escala como Ambatovy, con participación canadiense, japonesa y coreana. También hay creciente interés chino en sus minerales estratégicos.

La Minería ha Muerto. Larga Vida a la Minería Geopolítica

La posición geográfica de Madagascar, su grafito natural y su acceso al océano Índico lo convierten en un actor logístico potencialmente relevante. Pero para convertirse en proveedor confiable de la transición tecnológica global, deberá cerrar la brecha entre recursos y reglas. Lo que se juega en Madagascar no es solo la riqueza bajo el suelo, sino la capacidad de construir un marco estable que permita transformarla en desarrollo soberano y sostenible.

¿Un mosaico que está dibujando un nuevo eje de poder?

La revisión de estos quince países revela un continente diverso, en transición, y mucho más estratégico de lo que suele reflejarse desde fuera. África no es un bloque homogéneo, pero tampoco un caos. Es un entramado complejo de modelos institucionales, ritmos políticos y visiones de desarrollo profundamente distintos, atravesados por una misma pregunta: ¿cómo transformar su abundancia mineral en poder negociador y soberanía industrial?

Botsuana y Namibia muestran que es posible negociar desde reglas claras y capturar valor sin perder estabilidad. Países como Ghana, Marruecos o Sudáfrica han desarrollado marcos regulatorios sólidos y buscan posicionarse en eslabones industriales. Zambia y la RDC avanzan hacia cadenas regionales. Angola y Tanzania exploran modelos híbridos. Otros, como Guinea, Zimbabue o Mali, enfrentan tensiones estructurales más profundas, pero también están en movimiento. Incluso en contextos más desafiantes —como Mozambique o Madagascar— la narrativa sobre los minerales ya no es pasiva. Se debate, se regula, se discute.

La fragmentación africana es real: hay multiplicidad de modelos, de capacidades estatales y de entornos de inversión. Pero también es real una señal compartida. África ha empezado a hablar el lenguaje del valor agregado, de las cadenas regionales, de la cooperación transfronteriza y de la captura estratégica. Las políticas de contenido local, las restricciones a la exportación de minerales en bruto, los acuerdos para baterías o la diplomacia del fosfato no son hechos aislados. Son síntomas de una región que ya no acepta su lugar como proveedor silencioso.

Este recorrido no pretende juzgar ni establecer rankings. Pretende observar, país por país, cómo África —desde su complejidad— comienza a responder a la pregunta que guía este capítulo: ¿puede un continente fragmentado negociar como potencia? La respuesta no es binaria. Pero si algo ha quedado claro, es que África ya no es un tablero de ajedrez. Es, cada vez más, una fuerza que decide mover sus propias piezas.

La paradoja africana: diversidad como fortaleza, diversidad como reto

En el imaginario global, África es a menudo dibujada como un bloque único. En informes, discursos y negociaciones, la palabra "África" parece designar un actor monolítico con una sola voz y una estrategia común. Pero basta mirar el mapa político y económico para comprender que esa imagen es tan simplificadora como engañosa. En el terreno, el continente muestra un espectro extraordinariamente amplio: desde países con marcos regulatorios sólidos, institucionalidad estable y proyectos mineros integrados en cadenas de valor avanzadas, hasta otros que aún enfrentan retos profundos en gobernanza, infraestructura o legitimidad social (African Development Bank [AfDB], 2024).

Esa diversidad interna es la primera gran paradoja africana. Por un lado, representa un activo: demuestra que es posible desarrollar minería competitiva, legítima y alineada con los objetivos de desarrollo sostenible. Por otro, es un reto: esa amplitud de realidades hace más difícil articular posiciones conjuntas en la mesa global, armonizar estándares y proyectar una imagen coherente hacia los socios internacionales (AfDB, 2024).

A ello se suma una vulnerabilidad de origen externo: la tendencia internacional a ver a "África" como un bloque homogéneo. Esta simplificación, presente tanto en discursos políticos como en análisis de mercado, borra matices, diluye casos de éxito y alimenta estereotipos que sitúan al continente como proveedor de bajo costo antes que como actor estratégico capaz de fijar condiciones (African Union, 2024).

Estas dos condiciones —una interna y otra externa— moldean el resto de tensiones que, aunque no se dan en todos los países, inciden en la capacidad de África para negociar desde una posición de fuerza: la distancia entre la Agenda 2063 y las agendas nacionales; la competencia entre países que deberían cooperar en infraestructura crítica; la pluralidad de influencias externas con marcos de negociación dispares; una narrativa internacional que aún ubica a África como eslabón primario; y, en algunos casos, una débil transferencia de valor de la minería a las comunidades locales (NRGI, 2021; Harrisberg, 2025).

Lo esencial es que ninguna de estas tensiones es estructuralmente inamovible. Allí donde los países han alineado su política minera con objetivos de industrialización, han cooperado en corredores logísticos, han establecido estándares de trazabilidad y han vinculado los beneficios mineros a las comunidades, el efecto ha sido inmediato: mayor legitimidad interna, más atractivo para la inversión responsable y mejor posición en las negociaciones internacionales (AfDB, 2024).

Por eso, más que un diagnóstico definitivo, esta sección es el punto de partida para mirar lo que ya está ocurriendo sobre el terreno. África no es un conjunto de desafíos que resolver, sino un laboratorio vivo de soluciones en marcha. A continuación, revisaremos casos concretos de países que han logrado avances significativos en gobernanza, captura de valor, integración regional y legitimidad social, mostrando que el camino hacia un modelo minero africano fuerte y coherente no es hipotético: ya existe, y está ganando tracción.

Botsuana: gobernanza como ventaja competitiva

En un continente donde la diversidad institucional es amplia, Botsuana se ha consolidado como un ejemplo de cómo la gobernanza puede convertirse en activo geopolítico. Con una población reducida y una economía históricamente dependiente del diamante, el país ha logrado construir un marco regulatorio predecible, una administración minera profesionalizada y, lo más relevante, un sistema de reparto de beneficios que vincula directamente la riqueza mineral con el desarrollo social.

Desde su independencia, Botsuana apostó por la participación accionaria estatal en las principales operaciones mineras, particularmente en la sociedad con De Beers a través de la empresa Debswana. Este modelo no solo asegura ingresos fiscales significativos, sino que también garantiza que una parte sustancial del valor se canalice hacia educación, salud e infraestructura pública (African Development Bank [AfDB], 2024). La transparencia en la gestión de estos recursos, reconocida por índices como el Resource Governance Index (NRGI, 2021), ha reducido la corrupción y generado un alto grado de confianza ciudadana en el sector.

En 2023, Botsuana renegoció su acuerdo con De Beers, incrementando la proporción de diamantes que el país puede vender directamente y asegurando compromisos de inversión en corte, pulido y comercialización local (Harrisberg, 2025). Este paso es significativo porque rompe, en parte, la lógica extractiva tradicional, permitiendo que el país capture márgenes adicionales en la cadena de valor. Al mismo tiempo, consolida su reputación como jurisdicción estable, lo que le otorga ventaja frente a competidores que ofrecen recursos similares pero con mayor riesgo político o regulatorio.

La lección que deja Botsuana para el resto del continente no es que su modelo sea perfectamente replicable —sus condiciones geográficas, políticas y demográficas son singulares—, sino que la gobernanza y la legitimidad interna pueden traducirse en poder de negociación externo. Al llegar a la mesa internacional con contratos claros, instituciones sólidas y respaldo ciudadano, Botsuana no solo negocia mejor precio: negocia desde una posición que le permite decir "no" cuando las condiciones no alinean con su visión de desarrollo.

Namibia: minerales críticos y trazabilidad como estrategia de poder

Namibia ha emergido en los últimos años como uno de los actores africanos más proactivos en reposicionar su minería dentro de las cadenas globales de valor, especialmente en el segmento de minerales críticos para la transición energética. Con recursos significativos de uranio, litio y tierras raras, el país ha optado por un modelo que combina apertura a la inversión extranjera con reglas claras para garantizar beneficios internos, tanto económicos como tecnológicos.

En 2023, el gobierno implementó una política que prohíbe la exportación de minerales estratégicos en bruto —incluidos litio, cobalto y grafito— con el objetivo de fomentar su procesamiento local (African Development Bank [AfDB], 2024). Esta medida, aunque desafiante para algunos inversionistas, ha sido acompañada por incentivos para atraer plantas de refinación y manufactura asociada, buscando capturar mayor valor antes de que los recursos salgan del país.

Namibia también ha apostado por la trazabilidad como elemento diferenciador. En el sector del uranio, que abastece a mercados tan exigentes como la Unión Europea y Japón, las operaciones mineras cumplen con rigurosos protocolos de reporte y auditoría que certifican origen, prácticas ambientales y estándares de seguridad. Esta reputación de proveedor confiable y conforme a normas internacionales ha permitido al país acceder a contratos de largo plazo con compradores que priorizan la seguridad de suministro sobre el precio más bajo (European Commission, 2024).

Un aspecto clave de la estrategia namibia es su diplomacia minera activa. El país es miembro del *Critical Minerals Partnership* y mantiene acuerdos de cooperación con la UE, EE.UU. y Japón para el desarrollo de cadenas de suministro resilientes (Harrisberg, 2025). Estas alianzas no se limitan al acceso a mercados: incluyen compromisos de formación de talento local, transferencia tecnológica y proyectos de infraestructura vinculados a la minería.

La experiencia de Namibia demuestra que, incluso para un país de tamaño moderado, es posible elevar el poder de negociación combinando políticas de valor agregado con credenciales sólidas en trazabilidad. Si Botsuana enseña que la legitimidad interna y la gobernanza fortalecen la posición internacional, Namibia muestra que alinear estándares, valor local e integración en alianzas estratégicas permite a un país insertarse en el núcleo de las cadenas de minerales críticos sin quedar relegado a la extracción primaria.

Marruecos: integración industrial y proyección global

Marruecos ha convertido su posición como primer exportador mundial de fosfatos en una plataforma para integrar verticalmente su cadena minera e industrial, hasta situarse como un actor central en la seguridad alimentaria y, más recientemente, en la transición energética. El modelo marroquí no se limita a extraer y vender materia prima: controla la transformación, la logística y la proyección internacional de sus productos, consolidando un poder de negociación que trasciende la minería.

La piedra angular de esta estrategia es la Office Chérifien des Phosphates (OCP), una empresa estatal que no solo gestiona la extracción, sino que lidera un ecosistema industrial que incluye plantas químicas, producción de fertilizantes especializados y redes logísticas propias (African Development Bank [AfDB], 2024). Este control integrado permite que Marruecos capture márgenes elevados, estabilice precios para sus clientes estratégicos y utilice el suministro como herramienta diplomática.

En los últimos años, el país ha ampliado esta lógica a minerales vinculados a la energía limpia. Marruecos ha desarrollado proyectos de extracción y refinación de cobalto y manganeso, claves para baterías, y mantiene planes para convertirse en un hub de ensamblaje de celdas y sistemas de almacenamiento (European Commission, 2024). Parte de esta expansión se apoya en alianzas con fabricantes europeos y asiáticos, que ven en Marruecos una plataforma industrial conectada tanto con África como con el mercado europeo, gracias a acuerdos comerciales preferenciales.

Un componente distintivo de la estrategia marroquí es su apuesta por la infraestructura portuaria e industrial orientada a la exportación de productos terminados. El complejo de Jorf Lasfar, por ejemplo, no solo procesa fosfatos, sino que también produce derivados de alto valor añadido para mercados específicos, adaptando la oferta a demanda regional y global. Esto reduce la dependencia de vender a granel y fortalece la resiliencia frente a la volatilidad de precios de materias primas (AfDB, 2024).

Marruecos también ha incorporado el factor ESG en su narrativa internacional, con proyectos para alimentar sus complejos industriales mediante energías renovables, especialmente solar y eólica. Esta transición energética interna añade un valor simbólico y reputacional que le permite posicionarse como proveedor "verde" en un mercado donde la trazabilidad y la huella de carbono son cada vez más relevantes (Harrisberg, 2025).

El caso marroquí ilustra que, cuando un país controla no solo la extracción, sino también la transformación, la logística y la narrativa, la minería se convierte en un instrumento de política industrial y geopolítica. Mientras Botsuana demuestra el valor de la gobernanza y Namibia el poder de la trazabilidad, Marruecos enseña que la integración industrial puede ser una palanca para pasar de proveedor a diseñador de mercados.

República Democrática del Congo: el reto de convertir la centralidad geológica en poder sostenible

La República Democrática del Congo concentra alrededor del 70% de la producción mundial de cobalto (USGS, 2025), un mineral crítico para la fabricación de baterías eléctricas y almacenamiento energético. Este dato, por sí solo, debería situar al país en una posición de fuerza inigualable dentro del mercado global de minerales estratégicos. Sin embargo, la realidad es más matizada: la RDC combina avances recientes en formalización y políticas de captura de valor con desafíos persistentes en gobernanza, trazabilidad y legitimidad social.

En los últimos años, el gobierno ha dado pasos para incrementar el valor retenido en el país. Uno de los movimientos más relevantes fue el acuerdo con empresas estatales chinas para construir plantas de procesamiento de cobalto e hidróxido de litio, con el objetivo de reducir la exportación de concentrado sin refinar (African Development Bank [AfDB], 2024). También ha impulsado la creación de zonas económicas especiales para atraer manufactura asociada a la cadena de baterías, buscando que parte de la producción downstream se instale en su territorio.

En materia de formalización minera, la RDC ha lanzado programas para registrar y capacitar a mineros artesanales, con énfasis en el cobalto. En 2023 se creó la *Entreprise Générale du Cobalt* (EGC), una empresa estatal destinada a canalizar la compra y comercialización de cobalto artesanal bajo estándares de seguridad y trazabilidad (Harrisberg, 2025). Aunque la implementación es gradual y enfrenta resistencias, representa un intento de incorporar un segmento informal históricamente marginado en la economía formal y bajo supervisión estatal.

No obstante, persisten retos estructurales que limitan el alcance de estas iniciativas. En zonas mineras del este del país, la presencia de grupos armados y redes de contrabando sigue interfiriendo con el control estatal y debilitando la credibilidad de los sistemas de certificación (NRGI, 2021). A nivel internacional, esta situación alimenta narrativas que asocian la minería congoleña con riesgos ESG, lo que en ocasiones condiciona el acceso a ciertos mercados y obliga a los compradores a aplicar procesos de debida diligencia más estrictos.

La RDC ejemplifica un dilema central para varios productores africanos de minerales críticos: poseer una posición geológica dominante no garantiza un poder de negociación sostenible. Ese poder se consolida cuando la centralidad en reservas se combina con gobernanza sólida, trazabilidad verificable y un marco claro de beneficios para las comunidades. En este sentido, el país se encuentra en una fase de transición: los avances en formalización y procesamiento son señales positivas, pero su consolidación dependerá de la capacidad de cerrar las brechas que aún limitan su reputación internacional y su cohesión interna.

Guinea: de la bauxita al aluminio, el desafío de industrializar en origen

Guinea posee una de las mayores reservas de bauxita del planeta —más de una cuarta parte del total mundial— y se ha consolidado como primer exportador global de este mineral (USGS, 2025). Durante años, esta posición se tradujo en un modelo basado casi exclusivamente en la extracción y exportación de bauxita en bruto hacia centros de refinación en Asia, particularmente China. Sin embargo, en la última década, el país ha comenzado a mover sus piezas para romper la dependencia del modelo primario y avanzar hacia la industrialización local.

En 2023, el gobierno guineano anunció que todos los nuevos contratos mineros de bauxita incluirían cláusulas obligatorias para la construcción de refinerías de alúmina dentro del país (African Development Bank [AfDB], 2024). Esta decisión busca capturar mayor valor en la cadena productiva, reducir la exposición a la volatilidad del mercado de materia prima y generar empleo industrial en territorio nacional. Algunas de las grandes compañías con operaciones en Guinea ya han comprometido inversiones para desarrollar plantas de procesamiento, aunque el calendario de ejecución es heterogéneo y enfrenta desafíos de infraestructura y suministro energético.

Uno de los proyectos más emblemáticos es la integración de la producción de bauxita con el desarrollo del corredor ferroviario y portuario de Simandou, concebido inicialmente para mineral de hierro pero que también podría servir como plataforma logística para el aluminio. Este enfoque multipropósito apunta a conectar infraestructura minera con corredores industriales, un paso clave para que la industrialización no quede aislada de la red de transporte y exportación.

El gran desafío de Guinea no está en la dotación de recursos —que es indiscutible—, sino en crear las condiciones habilitantes para que las refinerías de alúmina y las plantas de aluminio primario sean competitivas. Esto implica garantizar energía estable y asequible, marcos regulatorios predecibles y una fuerza laboral calificada. Además, requiere negociar acuerdos que aseguren que la industrialización genere beneficios tangibles para las comunidades locales, un factor crítico para la legitimidad social de un sector históricamente visto como distante.

Si logra consolidar esta transición, Guinea podría pasar de ser un actor indispensable por volumen de exportación a un proveedor estratégico de aluminio procesado, con mayor margen para fijar precios y condiciones. El salto, no obstante, dependerá de su capacidad para alinear inversión, infraestructura y legitimidad interna en un horizonte de tiempo coherente con la creciente demanda global de materiales para la transición energética.

África ante la ventana estratégica de la minería geopolítica

La pregunta que abre este capítulo —¿puede un continente históricamente fragmentado negociar como potencia?— ha recorrido cada página de este análisis. Ahora, al cerrar, la respondemos no con un sí o un no tajante, sino con una certeza: África está construyendo las condiciones para que esa respuesta pueda ser afirmativa. Lo hace en el marco de la minería geopolítica, donde los minerales han dejado de ser simples insumos para convertirse en palancas de poder, en instrumentos de influencia y en activos que pueden definir posiciones en el orden mundial.

A lo largo de estas páginas vimos que el continente no es uniforme. Esta es la paradoja africana: la diversidad de modelos, capacidades institucionales y estrategias mineras es, al mismo tiempo, un reto y una fortaleza. Un reto, porque dificulta coordinar políticas, armonizar estándares y proyectar una voz común. Una fortaleza, porque esa diversidad permite especializar funciones, aprovechar ventajas comparativas y construir un portafolio de recursos y capacidades que pocos bloques en el mundo podrían igualar.

El precedente de unidad continental ya existe. Los 54 países miembros de la Unión Africana firmaron la Agenda 2063 y el AfCFTA, dos compromisos que no son meros documentos: son pruebas de que, cuando el objetivo es estratégico, África puede coordinarse y hablar con una sola voz. Esto no es un ejercicio teórico, es un hecho político que debería inspirar la misma ambición en el terreno minero: negociar colectivamente, fijar condiciones mínimas y proteger sus intereses en un mercado donde la competencia por minerales críticos es cada vez más feroz.

Sin embargo, la ruta no está libre de obstáculos. Uno de los más persistentes es la minería ilegal e informal, que erosiona ingresos fiscales, degrada ecosistemas y, sobre todo, desgasta la legitimidad de la minería formal ante la opinión pública. Este problema no es exclusivo de África: en América Latina, la minería ilegal también socava la capacidad de los Estados para proyectar sus sectores extractivos como motores de desarrollo sostenible. En ambos continentes, el desafío es doble: integrar a la economía formal a quienes hoy operan en la informalidad y diferenciar, con trazabilidad y estándares, la minería legítima de aquella que opera al margen de la ley.

El segundo gran reto compartido con América Latina es la brecha entre la riqueza generada y los beneficios que perciben las comunidades. En demasiados casos, los territorios productores siguen con infraestructura deficiente, servicios básicos limitados y pocas oportunidades laborales estables. Esto no es solo un déficit social: es un problema estructural que limita la licencia social para operar y la cohesión política necesaria para defender intereses nacionales en negociaciones internacionales. Donde los beneficios se distribuyen de forma visible y justa, la minería gana legitimidad y el Estado gana respaldo interno para sostener posturas firmes.

Vimos también que la competencia global por minerales críticos coloca a África en una posición inédita. China, Estados Unidos, la Unión Europea y otras potencias necesitan sus recursos para sostener transiciones tecnológicas y energéticas. Esta demanda es la base de una ventana de oportunidad histórica: si África logra coordinarse, puede condicionar el acceso a sus recursos a cambio de industrialización local, transferencia tecnológica y condiciones comerciales favorables. Pero esa ventana no permanecerá abierta para siempre. Las cadenas de suministro se están configurando ahora; en 5 o 10 años, muchas estarán consolidadas.

En este escenario, la diversidad africana debe gestionarse como un activo estratégico. Países como Botsuana y Namibia aportan gobernanza sólida y trazabilidad; Marruecos, integración industrial; la RDC y Zambia, volumen de recursos clave para baterías; Sudáfrica, capacidad institucional y voz política. Si estas fortalezas se articulan en un marco común, África podría presentarse al mundo no como un mosaico fragmentado, sino como un sistema complementario capaz de cubrir múltiples eslabones de la cadena de valor.

El desafío es traducir marcos y discursos en resultados concretos. No basta con firmar acuerdos o anunciar políticas: hay que construir infraestructura, formar capital humano, establecer marcos regulatorios estables y garantizar seguridad jurídica. Aquí, la comparación con América Latina vuelve a ser pertinente: en ambos continentes, el riesgo es que la inercia política o la falta de continuidad frene las reformas antes de que produzcan efectos visibles.

Desde el punto de vista simbólico, África tiene la oportunidad de redefinir su narrativa internacional. Pasar de ser vista como un proveedor pasivo de materias primas a un actor que diseña las reglas, fija estándares y define el rumbo de la transición energética. Esta transformación narrativa no es superficial: influye en la percepción de riesgo, en las condiciones de financiamiento y en el poder de negociación en foros multilaterales.

Los próximos diez años serán decisivos. El escenario optimista imagina un continente que ha integrado cadenas de valor regionales, que produce baterías y componentes industriales en suelo africano, que exporta no solo minerales, sino tecnología. El escenario pesimista repite patrones del pasado: exportar recursos sin valor agregado, ver cómo otros capturan la mayor parte de la renta y quedar atrapados en ciclos de dependencia. La diferencia entre uno y otro dependerá de la capacidad de los líderes africanos para sostener la voluntad política, reforzar la cooperación regional y mantener la disciplina estratégica.

Lo que está en juego va más allá de la minería. Es la posibilidad de que África transforme su posición en el orden mundial, no como espectadora, sino como arquitecta de su propio destino. La minería geopolítica ofrece el terreno, pero el juego lo definen las instituciones, las alianzas y la narrativa que el continente construya sobre sí mismo.

La ventana está abierta. La diversidad, bien gestionada, puede ser la base de un poder negociador sólido. El precedente de unidad ya existe. El capital geológico está ahí. Si África logra integrar estos elementos con una visión común, no solo podrá responder afirmativamente a la pregunta que abre este capítulo: podrá hacerlo con la autoridad de quien no solo mueve sus piezas en el tablero, sino que ayuda a diseñar las reglas del juego.

SEIS

¿Puede Asia más allá de China negociar su lugar en la geopolítica minera?

En la conversación global sobre minerales críticos, China suele acaparar la atención. Su dominio en el procesamiento y en las cadenas de suministro parece eclipsar todo lo demás. Sin embargo, el mapa minero de Asia es mucho más amplio. En el sur, centro y sureste del continente, una docena de países poseen reservas estratégicas y ambiciones propias, y están empezando a proyectar su influencia.

Este capítulo excluye deliberadamente a China —que cuenta con su propio análisis— para centrarse en los otros protagonistas de Asia en la minería geopolítica. Países que, desde realidades muy distintas, están explorando cómo capitalizar sus recursos, construir alianzas y superar desafíos internos sin quedar relegados al papel de simples proveedores o satélites de potencias mayores.

La pregunta que lo guía es clara: ¿pueden estos actores asiáticos, fuera de la órbita directa de Pekín, convertir sus minerales críticos en una palanca de autonomía y negociación estratégica? La respuesta no es lineal. Algunos ya despliegan políticas industriales ambiciosas y diplomacia activa; otros aún están en la fase de identificar y cuantificar su riqueza. Pero en conjunto, muestran que la competencia por los minerales críticos en Asia no es un duelo exclusivo entre China y Occidente, sino un entramado dinámico donde convergen múltiples estrategias y ritmos de acción.

Panorama regional: recursos y alineamientos estratégicos

Asia —excluyendo a China— concentra una parte significativa del capital geológico mundial. En reservas de níquel, Indonesia lidera actualmente con ~55 Mt de Ni contenido y, junto con las ~4,8 Mt de Filipinas, representa cerca del 45% de las reservas globales (total mundial >130 Mt; USGS, 2025, *Nickel*). En producción, Indonesia suministró aproximadamente 2,2 Mt en 2024 (casi el 60% de la producción minera global), mientras que Filipinas aportó ~0,33 Mt (alrededor del 9%; USGS, 2025).

En uranio, Kazajistán se mantiene como el principal productor —23.270 tU en 2024 y "más del 40%" de la producción minera mundial en los últimos años—, además de concentrar aproximadamente el 14% de los recursos globales identificados (WNA, 2025). La posición de Vietnam en tierras raras fue revisada cuando el USGS redujo en 2025 su estimación de reservas a 3,5 Mt (desde 22 Mt), reconfigurando las expectativas sobre su rol futuro (USGS/Reuters, 2025).

Mongolia ha elevado los minerales críticos a la categoría de prioridad nacional —renombrando a su minera estatal como "Erdenes Critical Minerals" en 2025— y las propuestas de la industria se centran en una lista inicial de 11 minerales estratégicos, incluidos cobre, grafito, tierras raras y litio (ISPI; MiningInsight, 2024–2025). Mientras tanto, India lanzó en 2025 la *Misión Nacional de Minerales Críticos*, con el objetivo de financiar 1.200 proyectos de exploración hasta 2030–31 (PIB, 2025). Arabia Saudita, por su parte, está ampliando la exploración y las iniciativas de downstream bajo la *Visión 2030*, incluyendo pasos hacia el comercio de materiales para baterías y nuevas inversiones a escala global.

Esa dotación ha activado un mapa de alianzas tan dinámico como fragmentado. Algunos gobiernos buscan estrechar lazos con Estados

Unidos y sus socios para equilibrar la influencia china; otros priorizan capital y tecnología de Pekín; muchos más prefieren un pragmatismo flexible, colaborando con todos los bloques. Vietnam, por ejemplo, ha profundizado su cooperación con Washington en semiconductores y minerales críticos, mientras diversifica mercados para reducir su dependencia de China (Biden & Phạm, 2023). Kazajistán y otros países de Asia Central practican una diplomacia de "múltiples vectores": reciben inversión china en infraestructura y minería, mantienen vínculos con Rusia y, en paralelo, firman acuerdos con la Unión Europea, Reino Unido y Estados Unidos (Haidar, 2025; Thompson, 2025). En Medio Oriente, Arabia Saudita y Emiratos Árabes Unidos aprovechan su capital y sus conexiones con Washington y Pekín: Riad firmó en 2025 un pacto con EE.UU. sobre minerales críticos (IISS, 2025), mientras equipos geológicos chinos mapean sus reservas; Emiratos invierte de forma agresiva en proyectos mineros desde África hasta América del Sur (Pasquali, 2024).

En el sudeste asiático y el Índico, Indonesia e India manejan un delicado equilibrio: atraen capital japonés, europeo y estadounidense para sus cadenas de suministro, pero mantienen plantas de procesamiento y acuerdos significativos con empresas chinas. El patrón que emerge no es de alineamientos rígidos, sino de estrategias calibradas para maximizar beneficios y preservar márgenes de autonomía en un contexto donde los minerales críticos se han convertido en una nueva moneda de poder.

India: diplomacia minera y ambición tecnológica

India no es uno de los gigantes geológicos de Asia, pero está decidida a ser un actor central en la transición energética. Sus reservas de litio, cobalto, tierras raras y grafito son modestas, pero su ventaja estratégica reside en la escala de su demanda interna y en la voluntad política para asegurar suministros estables. En 2025, el gobierno lanzó la *National Critical Mineral Mission* (NCMM), un plan para garantizar el abastecimiento de 30 minerales clave, centralizando las concesiones de 24 de ellos bajo autoridad federal. La hoja de ruta es ambiciosa: 1.200 proyectos de exploración hacia 2030, reservas estratégicas, reciclaje, zonas de procesamiento y un programa de capacitación para 10.000 técnicos y profesionales en minería y metalurgia (Ministry of Mines, 2025).

La estrategia trasciende las fronteras. Empresas estatales, como KABIL, han asegurado activos de litio y cobalto en Argentina y Australia, replicando un patrón que combina exploración doméstica con presencia directa en yacimientos externos. Esta proyección se apoya en la diplomacia minera: India utiliza foros como el G20, el Quad y el *Minerals Security Partnership* para tejer alianzas que reduzcan su dependencia de un único proveedor, especialmente de China, que hoy domina gran parte del procesamiento que India necesita (CSEP, 2024).

El desafío está en casa. La minería representa apenas el 2% del PIB, reflejando la baja exploración y las trabas regulatorias. La capacidad de procesamiento es limitada —con excepciones como la estatal IREL en tierras raras— y gran parte de los materiales de alta pureza son importados. Aunque ya existen avances, como la fábrica de celdas de litio inaugurada en Gujarat en 2022 o las plantas piloto de reciclaje, el salto tecnológico requerirá inversiones sostenidas y un entorno regulatorio predecible.

India aspira a no ser un espectador, sino un articulador de cadenas de suministro diversificadas. Su capacidad para sostener la disciplina política, atraer inversión global y cerrar la brecha tecnológica definirá si logra pasar de comprador dependiente a proveedor estratégico en el tablero minero del siglo XXI.

Kazajistán: el equilibrio calculado de un centro mineral

Kazajistán es uno de los territorios mejor dotados en Asia Central: líder mundial en uranio, con posiciones destacadas en cromo, tungsteno, manganeso, plomo y zinc, además de cobre, oro, hierro y un creciente interés en níquel y cobalto (Caspian Policy Center, 2023).

Este portafolio le permite presentarse como proveedor integral de múltiples minerales críticos, un papel que encaja con su aspiración de convertirse en centro regional de abastecimiento.

Su política exterior es un ejercicio constante de diplomacia de múltiples vectores. Mientras mantiene lazos históricos con Rusia y es parte activa de la Franja y la Ruta china, ha incrementado su cooperación con la Unión Europea, el Reino Unido y Estados Unidos, firmando acuerdos para proyectos de procesamiento y economía circular (Haidar, 2025; Thompson, 2025). En paralelo, recibe inversión china para desarrollar una de las fundiciones de cobre más avanzadas de la región y mantiene a Pekín como su principal comprador de metales, con cerca del 68% de sus exportaciones por valor.

En el frente interno, Kazajistán modernizó su código minero en 2018, estableció un registro digital geológico y ha emitido más de 3.000 licencias. Además, exige a grandes inversores instalar capacidades de procesamiento local, siguiendo modelos como el indonesio. Sin embargo, enfrenta debilidades estructurales: cambios legislativos frecuentes, demoras burocráticas y un desafío logístico clave como país sin salida al mar. La búsqueda de rutas alternativas por el Caspio y corredores hacia Turquía o China apunta a reducir la dependencia de las vías rusas.

Astana busca posicionarse como un estabilizador de las cadenas de suministro no chinas, capaz de abastecer a múltiples mercados sin caer en dependencias únicas. Su éxito dependerá de mantener su equilibrio geopolítico, mejorar su infraestructura y consolidar una capacidad industrial que le permita no solo exportar minerales, sino también participar en la fabricación de productos intermedios y estratégicos.

Mongolia: entre gigantes, buscando autonomía en la cadena de valor

Mongolia concentra un portafolio de minerales que le otorga un peso desproporcionado en la transición energética. Su activo más emblemático es Oyu Tolgoi, uno de los mayores yacimientos de cobre y oro del mundo, que en plena capacidad podría producir 500.000 toneladas anuales de cobre (The Diplomat, 2023). A ello se suman reservas de carbón coquizable, fluorita, unas 3,1 millones de toneladas de óxidos de tierras raras, y potencial en uranio y litio. En 2024, el gobierno publicó por primera vez su lista de minerales críticos, priorizando once, entre ellos cobre, tierras raras, litio y grafito (Batdorj, 2025).

Encajonada entre China y Rusia, Mongolia ha hecho de la *Política del Tercer Vecino* su marca diplomática, buscando equilibrar vínculos con Estados Unidos, Japón y la Unión Europea para no depender en exceso de sus dos vecinos. La cooperación en minerales críticos ha intensificado este enfoque: memorandos con Washington, diálogos trilaterales con Corea del Sur y Estados Unidos, y mayor acercamiento a Bruselas y Tokio en tierras raras y cobre. Sin embargo, la realidad comercial es contundente: más del 80% de sus exportaciones —en su mayoría minerales sin procesar— se dirigen a China, que además controla parte de su infraestructura minera estratégica.

Las limitaciones estructurales son claras: país sin salida al mar, infraestructura limitada y capacidad industrial reducida, con un 88% de la producción mineral exportada sin valor agregado. El gobierno intenta revertir este patrón con incentivos al procesamiento local, participación estatal en proyectos estratégicos y garantías para inversores, aunque no sin inquietudes sobre estabilidad regulatoria.

Mongolia aspira a pasar de ser un proveedor de insumos a un nodo clave en cadenas de suministro diversificadas. Su éxito dependerá de sostener la apertura diplomática, atraer tecnología para el procesamiento local y reducir su vulnerabilidad logística, todo mientras gestiona la compleja interdependencia con Pekín y Moscú.

Indonesia: del nacionalismo de recursos a la ambición industrial

Indonesia es, por volumen y reservas, el mayor actor global en níquel, insumo esencial para el acero inoxidable y las baterías de vehículos eléctricos. También cuenta con bauxita, estaño, cobre, oro, cobalto y potencial en tierras raras y litio. Esta base geológica respalda la estrategia de Yakarta de posicionarse como pilar de la economía verde global.

Su política industrial se apoya en una decisión audaz: prohibir la exportación de minerales sin procesar para forzar la instalación de fundiciones y refinerías locales. La medida comenzó con el níquel en 2014, se aplicó plenamente en 2020 y se extendió a la bauxita en 2023, con la mira puesta en otros minerales. El resultado ha sido un aluvión de inversiones —más de 15.000 millones de dólares en pocos años— lideradas por capital chino, pero también coreano y japonés, que han convertido a Indonesia en un centro emergente de procesamiento de níquel y materiales para baterías (Merwin, 2022).

El impacto industrial es notable: múltiples fundiciones, plantas HPAL y producción de precursores químicos ya operan en el país. Sin embargo, la estrategia también ha traído costes: deforestación, contaminación y dependencia tecnológica de los inversores extranjeros. El gobierno de Joko Widodo plantea ahora un objetivo aún más ambicioso: situar a Indonesia entre los tres principales productores mundiales de baterías para 2027 (Nickel Institute, 2023).

El modelo indonesio es una apuesta por la autonomía: rechaza el papel de exportador primario y utiliza su posición dominante para negociar en sus propios términos con Oriente y Occidente. Su desafío es sostener el crecimiento industrial mitigando los impactos ambientales y fortaleciendo capacidades nacionales, de forma que el valor agregado y la gobernanza acompañen a la expansión productiva.

Vietnam: tierras raras y pragmatismo geopolítico

Vietnam conserva un lugar relevante en el mapa de los minerales críticos gracias a sus depósitos de tierras raras, tungsteno y bauxita, además de titanio, estaño y cantidades menores de níquel y grafito. Aunque la estimación de reservas de tierras raras se redujo en 2025 de 22 a 3,5 millones de toneladas (Reuters, 2025), el país sigue figurando entre los seis con mayor potencial global. Este portafolio le otorga un valor estratégico que Hanói ha decidido capitalizar.

La política exterior vietnamita en este ámbito es deliberadamente equilibrada. Ha estrechado la cooperación con Estados Unidos y Japón para diversificar cadenas de suministro y atraer tecnología, sin renunciar a su posición como proveedor clave de concentrados a China, su principal socio comercial. En 2022, las exportaciones vietnamitas de concentrados de tierras raras a China prácticamente se duplicaron, lo que refleja un pragmatismo que combina seguridad de mercado con acceso a capital y conocimiento extranjero.

La capacidad industrial del país empieza a mostrar resultados. Vietnam ya cuenta con plantas de separación y proyectos en expansión, incluida la producción piloto de imanes de neodimio con apoyo japonés. Su *Plan Maestro para Tierras Raras 2023–2030* busca consolidar la minería, el procesamiento y la manufactura de productos intermedios y finales. Sin embargo, la claridad regulatoria, la gobernanza y la gestión ambiental serán determinantes para sostener la confianza inversora y evitar impactos como los que han marcado operaciones similares en otros países.

Si logra escalar su producción y procesamiento bajo estándares internacionales, Vietnam podría suministrar entre un 5% y un 10% de las tierras raras globales en la próxima década. Más allá del beneficio económico, esto reforzaría su capacidad de negociación con grandes potencias y consolidaría su lugar como un nodo industrial y geopolítico en la transición tecnológica.

La Minería ha Muerto. Larga Vida a la Minería Geopolítica

Arabia Saudita: del petróleo a los minerales críticos

Arabia Saudita, tradicionalmente identificada con la energía fósil, está incorporando la minería como tercer pilar económico bajo la Visión 2030. Sus reservas abarcan fosfatos, bauxita, oro y una base incipiente de minerales críticos como tierras raras, litio, uranio, níquel, cobre y zinc, cuya magnitud aún se está explorando.

Riad ha decidido acelerar este desarrollo con una combinación de músculo financiero y diplomacia multilateral. La minera estatal Ma'aden y el Fondo de Inversión Pública han comprometido decenas de miles de millones de dólares tanto en proyectos domésticos como en adquisiciones estratégicas en el extranjero, desde cobre y oro en Pakistán hasta litio y cobalto en África. Al mismo tiempo, ha tejido alianzas con actores diversos: acuerdos con Estados Unidos y Australia para procesamiento de minerales, cooperación tecnológica con empresas como MP Materials y Lynas, y asistencia geológica de China.

La estrategia saudí no se limita a extraer; busca capturar valor mediante fundiciones, refinerías y manufactura asociada, apoyándose en energía competitiva y capacidad de inversión. Planes recientes incluyen instalaciones para cobre, zinc y metales del grupo del platino, así como una cadena de imanes de tierras raras que integraría todo el ciclo, desde el mineral hasta el producto final.

Los desafíos son significativos: escasa experiencia previa en minería de roca dura, necesidad de capital humano especializado, limitaciones hídricas y competencia global en segmentos dominados por China. No obstante, la capacidad financiera y la alineación política interna ofrecen a Arabia Saudita una ventaja de ejecución poco común.

Si consolida su objetivo de ser un centro neutral de procesamiento y suministro, el reino podría replicar en minerales críticos el papel que desempeña en el petróleo: proveedor confiable para múltiples bloques geopolíticos. En ese escenario, Asia más allá de China sumaría un actor con peso financiero, infraestructura avanzada y una estrategia clara de integración en el nuevo orden minero global.

Emiratos Árabes Unidos: capital y logística como palancas mineras

Sin una base geológica significativa en minerales críticos, los Emiratos Árabes Unidos han optado por una estrategia distinta: proyectar su influencia a través del capital, la logística y la capacidad de refinación. Desde Abu Dabi y Dubái, conglomerados como International Holding Company (IHC) y Emirates Global Aluminium han asegurado participaciones en minas de cobre en Perú, litio en Zimbabue, tantalio en Kenia y bauxita en Guinea y Pakistán, garantizando el flujo de insumos para sus instalaciones industriales domésticas.

El posicionamiento emiratí combina diversificación económica con ambiciones geopolíticas. Inversiones masivas en infraestructura portuaria —como la expansión de Jebel Ali y los proyectos de DP World en corredores africanos— refuerzan su papel como nodo logístico para el movimiento de minerales entre África, Asia y los mercados industriales. Esta plataforma comercial se complementa con una política exterior flexible: alineación con socios occidentales en foros estratégicos, relaciones fluidas con China y vínculos de conveniencia con Rusia.

En el frente industrial, Dubái y Abu Dabi están desarrollando capacidades en reciclaje de baterías, producción de aleaciones especiales y procesamiento selectivo de metales, priorizando segmentos de alto valor añadido en lugar de fundición masiva. La escala de mercado y la limitada energía comparada con Arabia Saudita hacen que el enfoque sea más especializado, aprovechando zonas francas y acuerdos fiscales para atraer manufactura vinculada a minerales críticos.

El riesgo estructural de esta estrategia es su dependencia de la estabilidad en los países donde invierten —muchos de ellos en entornos políticos frágiles—, así como de la continuidad en las rutas comerciales globales. Sin embargo, mientras los EAU mantengan su capacidad de navegar estas incertidumbres con diplomacia y capital, seguirán ampliando su papel como intermediario y refinador clave en las cadenas de suministro del Sur Global hacia economías avanzadas.

Uzbekistán: reformas aceleradas en busca de un lugar en el mapa mineral

Largamente eclipsado por Kazajistán, Uzbekistán está emergiendo como un competidor serio en Asia Central para el suministro de minerales críticos. Su geología alberga grandes reservas de uranio, oro, cobre, plomo, zinc, tungsteno, molibdeno y potenciales depósitos de litio, grafito y tierras raras aún por confirmar. Esta base de recursos, sumada a la voluntad política de diversificar su economía, ha impulsado un giro estratégico hacia la apertura y la atracción de inversión extranjera.

Desde 2016, Tashkent ha tejido una red creciente de acuerdos con la Unión Europea, Estados Unidos, Corea del Sur y socios del Golfo, buscando capital y tecnología para modernizar un sector históricamente dominado por empresas estatales. La nueva Ley del Subsuelo de 2023, el inicio de la digitalización de datos geológicos y la ampliación de la fundición de cobre de Almalyk son señales claras de esta transformación.

Las limitaciones son considerables: infraestructura eléctrica envejecida, dependencia de rutas de exportación a través de terceros países, competencia directa con Kazajistán por capital extranjero y necesidad de asegurar energía confiable para el procesamiento local. El doble encierro geográfico —sin litoral y sin acceso directo a corredores marítimos— obliga a invertir en rutas alternativas, como la conexión Transcaspiana hacia Turquía.

Pese a estos desafíos, Uzbekistán está apostando por el valor añadido. Planes para producir hidróxido de litio, expandir la capacidad de refinación de cobre y establecer un fondo soberano minero reflejan la ambición de retener mayor parte de la renta minera. Si las reformas se mantienen y las prospecciones confirman reservas estratégicas, el país podría convertirse en un nodo relevante para el suministro de minerales críticos a Europa y Asia, combinando su ubicación en el corazón de Eurasia con una política exterior multivectorial que, al igual que Kazajistán, busca equilibrio entre potencias rivales.

Filipinas: del suministro de níquel a la búsqueda de valor agregado

Segundo productor mundial de níquel después de Indonesia, Filipinas es un proveedor clave para la industria del acero inoxidable y, cada vez más, para la cadena de baterías eléctricas. Sus exportaciones, destinadas principalmente a China e Indonesia, se concentran en mineral sin procesar. El país también cuenta con reservas de cobalto, cobre y oro, aunque su aprovechamiento está marcado por un patrón de baja industrialización minera.

El gobierno de Ferdinand Marcos Jr. ha iniciado un giro para atraer inversión extranjera y reducir la dependencia de China, explorando acuerdos con Estados Unidos, Japón y Australia para desarrollar plantas de procesamiento y fortalecer la posición filipina en la cadena de valor. Actualmente, solo dos plantas HPAL operan en el país —ambas con inversión japonesa—, produciendo insumos intermedios para baterías.

La propuesta inicial de prohibir la exportación de mineral en bruto fue retirada en 2025 por considerarse inviable a corto plazo, optando en cambio por incentivos fiscales y posibles gravámenes a la exportación para estimular la refinación local. El desafío estructural radica en el alto costo energético, la limitada infraestructura y la necesidad de estabilidad regulatoria en un sector históricamente volátil.

Si Filipinas logra expandir su capacidad de procesamiento y diversificar sus destinos de exportación, podría consolidarse como un actor estratégico en la cadena de suministro de níquel y cobalto de alta pureza, atrayendo a socios que buscan reducir su dependencia del procesamiento chino. De lo contrario, seguirá operando principalmente como un eslabón primario en la cadena global.

. . .

Pakistán: cobre estratégico entre el Golfo y China

El potencial minero de Pakistán se concentra en un activo emblemático: Reko Diq, uno de los mayores depósitos de cobre y oro sin explotar del mundo, cuya explotación comenzará hacia finales de esta década bajo un esquema de participación entre Barrick Gold, el Estado pakistaní y el fondo saudí Manara Minerals. La entrada de Arabia Saudita en el proyecto refuerza los vínculos entre Islamabad y los países del Golfo, al tiempo que preserva la relación estratégica con China, principal socio en infraestructura a través del Corredor Económico China-Pakistán.

Pakistán también posee reservas de carbón, plomo, zinc y potencial de litio y tierras raras en regiones montañosas, aunque gran parte de su geología permanece subexplorada. La falta de infraestructura, la inestabilidad política y la inseguridad en áreas clave como Baluchistán son obstáculos persistentes para atraer inversión sostenida.

El plan oficial contempla que Reko Diq inicie exportaciones de concentrado de cobre hacia fundiciones extranjeras, con la opción de instalar una planta de refinación en el mediano plazo. Esta decisión podría alinearse con la estrategia saudí de consolidar un hub de procesamiento en su territorio, vinculando la producción pakistaní con las industrias del Golfo.

Si Pakistán consigue mantener la estabilidad contractual y mejorar su clima de inversión, podría emerger como un proveedor relevante de cobre para la electrificación global. Sin embargo, su posición geopolítica lo obliga a equilibrar cuidadosamente sus relaciones con Arabia Saudita, China y potenciales socios occidentales, evitando quedar atado a un solo eje de influencia.

Factores que están redefiniendo la industrialización minera en Asia más allá de China

Las carencias clásicas —infraestructura insuficiente, marcos regulatorios inestables o dependencia de un solo mercado— siguen presentes y, en algunos casos, ralentizan el desarrollo. Sin embargo, lo que distingue a buena parte de los países analizados es que las decisiones estratégicas no están siendo dictadas únicamente por el mercado o por la iniciativa privada, sino que surgen desde la esfera política con un propósito geopolítico claramente definido.

En estos casos, la industrialización minera no es un efecto colateral de la inversión extranjera, sino una política de Estado formulada con objetivos explícitos. Gobiernos que históricamente se limitaron a facilitar concesiones hoy están estableciendo prioridades minerales, definiendo requisitos de procesamiento local, negociando alianzas internacionales bajo criterios estratégicos y condicionando la entrada de capital externo a compromisos concretos de transferencia tecnológica y creación de capacidades internas.

Este enfoque no se reduce a un debate ideológico sobre estatizar o privatizar. Se trata de construir deliberadamente un marco estratégico que determine no solo qué minerales se extraen, sino cómo, dónde y con quién se desarrollan las cadenas de valor. Es una lógica que reconoce que la posición de un país en el nuevo orden minero no se asegura únicamente con reservas geológicas, sino con control sobre las fases críticas de la producción y capacidad para incidir en las reglas del juego global.

Implementar este tipo de políticas exige asumir riesgos significativos: confrontar presiones comerciales de grandes compradores, desafiar normas establecidas en foros internacionales, renegociar contratos con empresas que dominaban el sector durante décadas e incluso enfrentar tensiones diplomáticas con socios estratégicos. La experiencia reciente de Indonesia al prohibir la exportación de níquel en bruto —alterando flujos globales y enfrentando disputas en la OMC— ilustra hasta qué punto estos países están dispuestos a "mover el tablero" para favorecer su industrialización.

En otros casos, la estrategia combina pragmatismo y control selectivo. Vietnam, por ejemplo, ha abierto su sector de tierras raras a Estados Unidos, Japón y la Unión Europea, pero mantiene la puerta abierta al mercado chino mientras consolida sus capacidades de procesamiento. Arabia Saudita, por su parte, ha convertido la minería en un pilar central de su Visión 2030, atrayendo inversiones de Oriente y Occidente para crear un hub industrial y logístico que complemente su posición histórica como potencia petrolera.

En conjunto, estas experiencias revelan un cambio de paradigma: la industrialización minera deja de ser un resultado eventual para convertirse en un objetivo deliberado y medible, respaldado por marcos institucionales, diplomacia económica y planificación a largo plazo. Este giro redefine el papel del Estado en la economía extractiva, amplía su margen de negociación internacional y demuestra que, con una visión estratégica, es posible transformar recursos naturales en poder industrial y geopolítico.

Políticas disruptivas: cambiar las reglas del comercio para escalar en la cadena de valor

En varios países asiáticos, las decisiones más transformadoras en la minería no provienen de las empresas, sino de los gobiernos. Son políticas que alteran deliberadamente las reglas del juego: imponen condiciones al comercio, rediseñan los incentivos y marcan un rumbo que prioriza el valor agregado interno sobre el beneficio inmediato de exportar en bruto. Este tipo de medidas no se limitan a "abrir o cerrar" la minería, sino que establecen un marco industrial pensado desde la geopolítica, con la intención de reposicionar al país en la cadena global de suministro.

El atractivo de esta estrategia es evidente: obliga a que el capital externo se acople a objetivos nacionales, acelera la instalación de capacidades industriales y otorga mayor poder de negociación. Sin embargo, también impone costos y riesgos: tensiones diplomáticas, litigios comerciales y la posibilidad de que la inversión extranjera se retraiga si percibe un entorno demasiado restrictivo.

Como autores, lo que nos interesa no es juzgar si estas políticas son "correctas" o "incorrectas", sino observar el fenómeno: ¿qué implica que un país esté dispuesto a sacrificar ingresos a corto plazo para ganar control estratégico a largo plazo? ¿Cómo reaccionarán los mercados si más productores clave adoptan esta lógica? ¿Y hasta qué punto estas reglas, pensadas para fortalecer la soberanía industrial, pueden derivar en nuevos tipos de dependencia tecnológica o financiera?

En este juego, los países no solo venden minerales: venden la posibilidad de acceder a un mercado condicionado por reglas que ellos mismos están escribiendo. Esa es la verdadera disrupción.

Integración acelerada de la cadena de valor: del mineral al componente

En buena parte de Asia más allá de China, la industrialización minera ya no se concibe como un proceso secuencial que pueda tomar décadas. Los gobiernos están intentando "saltar peldaños" y pasar rápidamente de la extracción al procesamiento, e incluso a la manufactura de componentes intermedios o finales. Este enfoque rompe con la idea de que la especialización inicial de un país minero debe limitarse a la producción primaria, y plantea que el acceso a recursos críticos debe traducirse en un asiento en las etapas tecnológicas de mayor valor.

La lógica detrás es clara: quien produce un insumo refinado o un componente esencial (como un cátodo, un imán o un precursor químico) tiene más peso en la negociación global que quien exporta mineral en bruto. Pero esta aceleración también conlleva riesgos: exige importar tecnología avanzada, atraer capital dispuesto a proyectos intensivos en energía y, en muchos casos, depender de socios externos para fases críticas del proceso.

Desde nuestra mirada, lo interesante es que este movimiento revela una voluntad política de no esperar a que la maduración industrial llegue por inercia. La pregunta es si esta "integración exprés" creará estructuras sostenibles o si será un impulso de alto costo difícil de

La Minería ha Muerto. Larga Vida a la Minería Geopolítica

mantener sin subsidios y acuerdos estratégicos prolongados. ¿Hasta qué punto esta velocidad puede fortalecer la autonomía industrial y hasta qué punto podría generar nuevas dependencias hacia los proveedores de tecnología o financiamiento?

La aceleración, bien ejecutada, puede redefinir la posición de un país en la geopolítica minera. Pero si falla, puede dejar costosas infraestructuras subutilizadas y una narrativa de modernización que no logra sostenerse en el tiempo.

Diversificación de alianzas como estrategia de poder

La diversificación de alianzas en Asia más allá de China no es una cuestión decorativa, sino una pieza central de su política minera. En un mundo donde la concentración de los flujos comerciales y tecnológicos en pocas manos genera vulnerabilidad, estos países han optado por tejer redes con múltiples centros de poder. No se trata solo de firmar acuerdos o memorandos de entendimiento, sino de construir una arquitectura de relaciones que les permita resistir presiones y maximizar oportunidades. En este sentido, la diversificación no es una consecuencia del mercado, sino una estrategia deliberada para ampliar márgenes de negociación y evitar quedar cautivos de un único comprador, inversor o proveedor de tecnología.

Lo interesante es que este enfoque no busca un equilibrio perfecto —algo difícil en un contexto de tensiones crecientes entre potencias—, sino más bien generar redundancias estratégicas: tener más de una opción para vender, comprar, procesar o financiar proyectos. Esto implica aceptar que no todas las alianzas serán igualmente profundas, pero sí lo suficientemente operativas para mantener abierta la puerta a múltiples alternativas. En la práctica, esta "diplomacia minera multivectorial" da a estos países una flexibilidad que les permite adaptarse rápidamente si un socio cambia sus prioridades o endurece sus condiciones.

Sin embargo, la diversificación también tiene costos. Mantener relaciones con polos de poder que compiten entre sí exige una gestión diplomática sofisticada y, a menudo, la habilidad de contener fricciones. Un país que coopera simultáneamente con actores que se ven como rivales puede enfrentar presiones para alinearse o excluir a alguno de ellos. En ese escenario, la coherencia del marco legal y la neutralidad percibida del Estado se vuelven activos esenciales para sostener la credibilidad ante todos los socios. La menor señal de favoritismo o de incumplimiento de acuerdos puede cerrar puertas y erosionar años de trabajo.

La pregunta estratégica es si este modelo puede sostenerse en un entorno donde la demanda de "elegir bando" se intensifica. Si bien hasta ahora la diversificación ha funcionado como un escudo frente a la dependencia excesiva, existe el riesgo de que las dinámicas globales fuercen a estos países a tomar posiciones más claras. Su éxito dependerá de si logran mantener el juego abierto, cultivando relaciones suficientes para que ningún socio sea indispensable, pero todos sean relevantes.

Narrativas de legitimidad industrial

En el proceso de industrialización minera, la legitimidad no se construye únicamente con cifras de inversión o toneladas procesadas. Requiere de un relato que explique por qué y para qué se está transformando el sector. En varios de estos países, ese relato ha dejado de centrarse en la simple explotación de recursos para enfocarse en objetivos más amplios: independencia tecnológica, integración en cadenas globales de valor, generación de empleo calificado y fortalecimiento de la posición internacional. Esta narrativa actúa como un marco de interpretación que conecta la política industrial con la identidad nacional y la visión de futuro.

La construcción de legitimidad interna es clave para sostener medidas que, en el corto plazo, pueden generar tensiones: impuestos adicionales, exigencias de contenido local, cambios en las reglas de exportación. Sin un consenso básico sobre el valor estratégico de la industrialización, estas políticas corren el riesgo de ser revertidas con cada cambio de gobierno o frente a presiones de grupos empresariales. La narrativa permite que estas decisiones se perciban no como imposiciones arbitrarias, sino como pasos necesarios para alcanzar un objetivo colectivo de largo plazo.

Externamente, la narrativa es igualmente importante. En un mercado global donde la reputación de un proveedor puede influir en el acceso a financiamiento, tecnología y acuerdos comerciales, proyectar una imagen de estabilidad, visión y seriedad resulta vital. Esta proyección no se limita a discursos en foros internacionales; se construye a través de la consistencia en las políticas, la previsibilidad regulatoria y la capacidad de cumplir compromisos. Cuando un país logra asociar su nombre con calidad, confiabilidad y visión de futuro, incrementa su poder de negociación en un sector tan competitivo como el minero.

El desafío radica en mantener alineada la narrativa con los resultados. Si los beneficios prometidos no se materializan en infraestructura, empleo o bienestar para las comunidades, la legitimidad se erosiona rápidamente. En ese sentido, la narrativa no puede ser un adorno comunicacional, sino un compromiso operativo que se refleje en decisiones concretas. La verdadera legitimidad industrial surge cuando el discurso y la realidad se refuerzan mutuamente, generando un círculo virtuoso que fortalece la posición del país tanto dentro como fuera de sus fronteras.

Riesgo calculado como política de Estado

La disposición a asumir riesgos calculados es quizá el rasgo más distintivo de varios de estos países. Adoptar medidas que alteran las reglas establecidas —desde prohibiciones de exportación hasta exigencias de transferencia tecnológica— implica desafiar a actores con enorme capacidad de presión. En la mayoría de los casos, no se trata de decisiones impulsivas, sino de apuestas estratégicas basadas en una lectura precisa del mercado, la geopolítica y las capacidades internas. La premisa es clara: para escalar en la cadena de valor, no basta con esperar que el mercado lo haga por sí solo; hay que forzarlo, aun a riesgo de incomodar a socios o perder oportunidades a corto plazo.

Este enfoque tiene un componente geopolítico evidente. Al adoptar medidas que alteran flujos comerciales establecidos, los gobiernos no solo buscan capturar más valor, sino también reposicionarse como actores con capacidad de definir condiciones. Esto genera un doble efecto: por un lado, incrementa el control interno sobre el sector; por otro, proyecta hacia afuera la imagen de un país dispuesto a defender su soberanía económica. Sin embargo, cada movimiento de este tipo implica también un riesgo reputacional y financiero: inversionistas y compradores pueden percibirlo como una señal de inestabilidad, o bien como un mensaje de que deberán adaptarse a condiciones más exigentes.

La clave para que el riesgo calculado funcione es la gestión de sus consecuencias. Un país puede imponer una política dura si, al mismo tiempo, ofrece un entorno que compense esa dureza: certeza jurídica, incentivos claros, infraestructura confiable y una visión de largo plazo que dé confianza a los actores privados. De lo contrario, la medida puede convertirse en un boomerang que reduzca el atractivo del país como destino de inversión. La capacidad de ajustar las políticas según la respuesta del mercado es tan importante como la audacia inicial para implementarlas.

En última instancia, la pregunta estratégica es dónde está el punto óptimo entre la ambición y la prudencia. Tensar demasiado la cuerda puede generar retiradas de capital o represalias comerciales; no tensarla lo suficiente puede condenar al país a seguir exportando materias primas sin capturar valor agregado. La política de riesgo calculado no es una receta única, sino un arte de calibración constante, donde cada decisión redefine la relación entre el Estado, las empresas y el mercado global.

La Minería ha Muerto. Larga Vida a la Minería Geopolítica

¿Será sostenible el protagonismo estatal en la minería del nuevo orden global?

La dinámica que atraviesa Asia más allá de China en el ámbito minero refleja un cambio de época. Durante décadas, la narrativa dominante situaba a la región como proveedora de materias primas para cadenas de valor definidas en otros lugares. Hoy, varios de estos países han decidido disputar no solo la extracción, sino también la transformación, el control y la proyección internacional de sus recursos. Esto supone un giro profundo: la minería deja de ser un sector aislado y pasa a convertirse en parte del diseño geopolítico de cada Estado, con implicaciones directas sobre su inserción en la economía global.

La particularidad es que esta transformación no está siendo impulsada exclusivamente por el mercado o por decisiones corporativas, sino por políticas deliberadas de Estado. En lugar de limitarse a regular o recaudar, los gobiernos están asumiendo un papel de arquitectos estratégicos: definen qué minerales son prioritarios, imponen condiciones para la inversión, deciden cómo se distribuye el valor y en qué eslabones de la cadena quieren participar. Esta proactividad política no es retórica: se traduce en leyes, acuerdos internacionales, incentivos y, en ocasiones, prohibiciones que cambian las reglas del juego.

Esta participación más activa es, en sí misma, un fenómeno de minería geopolítica. Significa que el control de los minerales estratégicos deja de ser una consecuencia de la geografía y pasa a ser un resultado de la política exterior y económica. Pero aquí aparece la pregunta clave: ¿dónde está la línea delgada entre un Estado que impulsa el desarrollo industrial y un Estado que, con exceso de control, termina sofocándolo? No es una cuestión teórica; la historia minera está llena de ejemplos donde la intervención, mal calibrada, derivó en burocracias costosas, pérdida de competitividad y retrocesos en la producción.

La experiencia muestra que cuando la participación estatal se orienta a construir capacidades —infraestructura, tecnología, talento, estándares de calidad—, la industria tiende a crecer de forma sostenida y a ganar poder de negociación internacional. Pero cuando la intervención se convierte en un fin en sí mismo, o se usa para reforzar agendas políticas internas de corto plazo, el sector se burocratiza. Las inversiones se retrasan, la innovación se estanca y los costos superan los beneficios. El desafío para los países asiáticos no es solo diseñar buenas políticas, sino mantener su coherencia a lo largo del tiempo y resistir la tentación de convertirlas en instrumentos clientelistas o de control excesivo.

El riesgo de retroceso es real porque la minería es intensiva en capital, tiempo y coordinación internacional. Si las reglas cambian de forma abrupta o imprevisible, los proyectos se paralizan y los socios estratégicos buscan alternativas más estables. La línea que separa un marco estratégico sólido de una trampa burocrática es, por tanto, estrecha y frágil. La fortaleza de esta nueva ola de industrialización minera asiática dependerá de que los gobiernos logren institucionalizar sus políticas más allá de ciclos electorales o coyunturas diplomáticas.

Al mismo tiempo, es evidente que esta apuesta ha aumentado el protagonismo de la región en las discusiones globales sobre minerales críticos. Países que antes ocupaban un papel secundario en las negociaciones ahora llegan con propuestas, condiciones y alianzas propias. La mesa de la geopolítica minera ya no es exclusiva de las grandes potencias; está incorporando voces asiáticas que entienden que los minerales no son solo mercancías, sino instrumentos de política exterior y desarrollo.

Este creciente margen de acción plantea un segundo interrogante: ¿podrán estos países sostener su papel en un contexto global donde la competencia tecnológica, las transiciones energéticas y las tensiones comerciales evolucionan con rapidez? La industrialización minera no es un proceso lineal; exige inversiones continuas, adaptación regulatoria y una narrativa internacional que legitime el modelo frente a inversionistas, aliados y comunidades locales. No basta con controlar la extracción: el verdadero reto es escalar y permanecer en los eslabones de mayor valor añadido.

El escenario más optimista es aquel en el que Asia más allá de China consolida cadenas de suministro diversificadas, desarrolla industrias propias de transformación y aprovecha su peso geológico para negociar en mejores condiciones con todos los bloques. El más pesimista es el de políticas que se agotan en gestos iniciales, que generan fricciones pero no resultados, y que dejan a los países atrapados entre burocracia interna y dependencia externa.

En este tablero, la innovación institucional será tan importante como la innovación tecnológica. Los países que logren crear marcos regulatorios estables pero dinámicos —capaces de atraer inversión y a la vez preservar intereses nacionales— tendrán más posibilidades de consolidarse como actores estructurales en el nuevo orden minero. Los que no lo consigan, corren el riesgo de repetir ciclos pasados: aprovechar un auge de precios para luego perder relevancia cuando la demanda se reorganiza.

Asia más allá de China está escribiendo, en tiempo real, un capítulo singular en la historia de la minería geopolítica. Es una región donde la participación estatal, lejos de ser un mero accesorio, es el motor de la estrategia. El reto es sostener ese impulso sin que se convierta en un freno. Porque entre la visión de largo plazo y la trampa burocrática hay un terreno intermedio en el que se decide el futuro de la industria y, con él, el lugar de cada país en la jerarquía global de poder mineral.

La pregunta final, entonces, no es solo si estos países lograrán industrializar su minería, sino si podrán hacerlo sin perder la agilidad y la claridad estratégica que hoy los distinguen. Si la respuesta es afirmativa, Asia más allá de China no será un actor secundario, sino un diseñador de reglas, un generador de estándares y un negociador con voz propia en el nuevo orden mundial. Porque en este siglo, la minería ha muerto; larga vida a la nueva minería geopolítica.

SIETE

La era de la minería geopolítica

Hemos recorrido juntos un camino extenso y revelador. En estas páginas, hemos visto cómo los minerales críticos han dejado de ser simples recursos naturales o materias primas aisladas para convertirse en infraestructura esencial del poder global. Ya no son solo cobre, litio o tierras raras: son los pilares sobre los cuales descansa la seguridad energética, la transición tecnológica, la innovación industrial y la defensa nacional del siglo XXI. Este cambio es profundo y estructural; implica una nueva manera de entender no solo la minería, sino la economía y la política mundial.

La minería ha dejado atrás su rol tradicional de sector productivo para transformarse en una plataforma estratégica que define el orden internacional. Ya no se trata únicamente de extraer minerales, sino de controlarlos, transformarlos y proyectar poder a través de ellos. Hemos analizado cómo distintas regiones y países —desde China hasta Estados Unidos, Canadá y Australia, pasando por América Latina, África y Asia Central— están tomando decisiones determinantes sobre permisología, industrialización, alianzas estratégicas y narrativa pública. Estas decisiones no son coyunturales ni técnicas, son profundamente políticas, porque quien domine estos minerales no solo definirá las cadenas globales de valor, sino que condicionará las decisiones estratégicas de los demás actores internacionales.

La verdadera ventaja estratégica de esta era no estará en quién posee más reservas geológicas, sino en quién logre convertir esas reservas en capacidad industrial, tecnológica y diplomática real. Por eso, el futuro inmediato no pertenecerá a quienes simplemente tengan recursos bajo tierra, sino a quienes tengan la visión estratégica, la voluntad política y la capacidad institucional para transformarlos en influencia global. El nuevo orden minero mundial se decidirá precisamente en esta frontera entre la extracción y la industrialización, entre la dependencia y la autonomía, entre los viejos modelos y las nuevas visiones.

Este libro ha sido una invitación abierta a observar esa transformación desde múltiples ángulos. Hemos analizado en profundidad, comparado experiencias y detectado señales clave para anticiparnos al futuro. Ahora sabemos que estamos entrando en una nueva era, la era de la minería geopolítica, donde los minerales críticos son la base invisible, pero determinante, del poder global. En las próximas décadas, el equilibrio mundial no se medirá solamente en términos de PIB, ejércitos o tecnología, sino en la capacidad real que cada nación tenga para controlar, transformar y liderar la producción y el uso de estos recursos estratégicos.

En definitiva, la minería que conocíamos ha muerto. Larga vida a la nueva minería geopolítica.

Siete lecciones estratégicas

A partir del amplio recorrido que hemos realizado a través de diversas regiones, desde la anticipación estratégica de China y las tensiones estructurales en América Latina hasta el reposicionamiento institucional de Occidente y las nuevas ambiciones de África y Asia, han quedado claras varias señales determinantes. Hemos visto cómo decisiones políticas aparentemente técnicas tienen un impacto directo y profundo en la configuración del nuevo orden minero global. Hemos revisado modelos nacionales, identificado patrones comunes y analizado cómo la minería ya no puede ser entendida simplemente como extracción, sino como un factor clave de poder geopolítico, autonomía industrial y liderazgo tecnológico global.

Este viaje nos permite ahora reconocer que existen principios estratégicos esenciales, lecciones profundas que emergen de forma transversal, y que se perfilan como claves para cualquier país, empresa o líder que aspire a tener protagonismo real en este nuevo mapa mundial. Estas lecciones no son una mera síntesis de lo observado, sino señales claras sobre qué define la posición estratégica de un país en el siglo XXI.

En concreto, emergen siete principios clave que condensan lo que hemos aprendido, y que servirán como guía para navegar la complejidad del tablero minero global en las próximas décadas:

1. La velocidad es poder geopolítico

En el nuevo orden minero, el tiempo ha dejado de ser únicamente dinero. Ahora es poder, influencia estratégica, capacidad negociadora. Los minerales críticos no son simples materias primas, sino elementos esenciales cuya disponibilidad marca la diferencia entre liderar o seguir a otras naciones. Por eso, la velocidad con que un país logra identificar y desarrollar sus recursos mineros es tan importante como la magnitud misma de esos recursos.

Mientras antes bastaba con tener reservas significativas, hoy la ventaja competitiva no se mide únicamente en toneladas de cobre, níquel o litio, sino en la capacidad institucional y política para acelerar la transformación de esos minerales en valor tangible. Países que son capaces de agilizar procesos regulatorios, reducir significativamente los tiempos de permisología, construir rápidamente infraestructura logística y avanzar con determinación en el procesamiento local no solo atraen inversiones de calidad; también ganan autonomía estratégica frente a actores externos y fortalecen su posición en la diplomacia global.

Por el contrario, aquellas naciones que quedan atrapadas en laberintos burocráticos, debates políticos interminables y demoras crónicas en la aprobación de proyectos pierden no solamente oportunidades económicas, sino que quedan relegadas en el tablero global. Cada mes adicional que toma autorizar un proyecto, cada año perdido en trámites interminables, representa una ventaja cedida a competidores más ágiles, que capturan rápidamente mercados, cadenas tecnológicas y capitales estratégicos.

En otras palabras, la velocidad en minería ha dejado de ser simplemente una cuestión técnica u operativa. Se ha convertido en una condición esencial de soberanía industrial y poder político. Los países que entienden esto implementan reformas disruptivas, digitalizan procesos, fortalecen capacidades técnicas y crean instituciones capaces de actuar con rapidez y decisión. La velocidad hoy define quién participa en las nuevas cadenas de valor y quién queda excluido de ellas, quién lidera la innovación tecnológica y quién se limita a comprar productos terminados, quién negocia desde la fuerza estratégica y quién negocia desde la dependencia.

En definitiva, en el nuevo orden minero global, la rapidez no es un valor agregado: es la condición fundamental para convertir recursos minerales en auténtico poder geopolítico.

2. El relato construye legitimidad

En el nuevo orden minero global, la narrativa pública ha dejado de ser un elemento secundario para convertirse en un componente central de legitimidad, poder y negociación internacional. La minería ya no puede reducirse a cifras técnicas o estadísticas de producción. Hoy, cada proyecto minero se inserta en un relato más amplio: puede ser presentado como parte de la transición energética, como engranaje indispensable de la autonomía tecnológica, como base de las cadenas de valor en inteligencia artificial y defensa, como plataforma de innovación industrial, o, en el lado opuesto, como fuente de tensiones ambientales y sociales.

La Minería ha Muerto. Larga Vida a la Minería Geopolítica

La capacidad para construir y gestionar esta narrativa determina en buena medida la legitimidad y viabilidad de la minería. Países y empresas que logran articular sus minerales estratégicos en torno a propósitos que trascienden la mera extracción —como la electromovilidad, la seguridad energética, la digitalización industrial o la soberanía tecnológica— obtienen una ventaja clave: atraen inversiones más selectivas, construyen alianzas más sólidas y fortalecen su influencia diplomática global.

Pero este posicionamiento estratégico de la minería no puede limitarse a una simple estrategia de comunicación o marketing superficial. Es necesario ir más allá y abordar directamente lo simbólico, entendiendo la minería como parte de un sistema más amplio que refleja los valores, aspiraciones y expectativas profundas de la sociedad contemporánea.

Desde lo simbólico, la minería debe pasar de ser percibida como una actividad aislada y extractiva a ser entendida como parte esencial de un modelo integral de desarrollo. Debe integrarse al relato nacional como un elemento que no solo genera ingresos económicos, sino que también contribuye al bienestar social, impulsa la innovación tecnológica, fortalece la soberanía económica y cuida el equilibrio ambiental. Es decir, debe formar parte explícita de una visión estratégica y simbólica mayor que la conecte directamente con el futuro deseado por los ciudadanos.

Esto implica redefinir profundamente el significado cultural y político de la minería en el imaginario colectivo. En lugar de ser asociada con modelos históricos de explotación o dependencia, la minería debe simbolizar progreso, autosuficiencia tecnológica, responsabilidad ambiental y prosperidad compartida. Los países capaces de transformar el relato minero desde esta perspectiva simbólica tendrán la capacidad real de legitimar y sostener su minería en el largo plazo, fortaleciendo así su posición estratégica global.

Por el contrario, los países y empresas que no consiguen gestionar el aspecto simbólico de su minería corren el riesgo de quedar atrapados en conflictos permanentes, rechazos sociales y dificultades para atraer capital a largo plazo. Las percepciones negativas o ambiguas no solo generan oposición local, sino que se traducen en mayores riesgos reputacionales y barreras en los mercados globales.

En definitiva, la narrativa minera es mucho más que comunicación: es un activo estratégico y simbólico que refleja la verdad sobre el rol de la minería en el progreso humano y determina la posición de un país dentro de las cadenas de valor globales del siglo XXI. Explicar con claridad este papel —como base de la transición energética, la innovación tecnológica y el desarrollo industrial— permite influir en el marco regulatorio internacional, acceder a mejores condiciones comerciales y negociar desde posiciones más sólidas. En esta nueva era de minería geopolítica, dar sentido al relato desde su verdad es también dar legitimidad al juego.

3. La extracción sin industrialización es vulnerabilidad estratégica

La historia de la minería está repleta de países que, pese a su abundancia de recursos naturales, no lograron traducir esa riqueza en prosperidad económica o poder geopolítico real. Durante décadas, exportar minerales en bruto fue visto como una fuente segura y rápida de ingresos. Sin embargo, en el nuevo orden minero global, depender exclusivamente de la extracción sin avanzar hacia la industrialización profunda representa no solo una pérdida económica, sino una auténtica vulnerabilidad estratégica.

El valor real de los minerales críticos ya no se encuentra simplemente en la etapa extractiva, sino en los procesos industriales posteriores: refinación, manufactura de componentes, desarrollo tecnológico y creación de cadenas de valor integradas. Aquellos países que no logren desarrollar estas capacidades industriales en su propio territorio están condenados a mantenerse en posiciones secundarias en las cadenas globales. Esto los deja expuestos a fluctuaciones extremas de precios, a presiones comerciales externas y a la pérdida sistemática del valor añadido que se genera en etapas superiores del proceso productivo.

En contraste, los países que integran verticalmente sus recursos minerales hacia etapas industriales más avanzadas obtienen múltiples beneficios estratégicos: aumentan su poder negociador frente a compradores internacionales, disminuyen la dependencia externa de tecnologías críticas y desarrollan capacidades propias en innovación y conocimiento. Este proceso no es simple ni automático; exige decisiones políticas audaces, estabilidad institucional y una visión estratégica sostenida en el tiempo.

Industrializar la minería implica algo más que instalar fábricas o refinerías; implica una decisión política consciente de pasar del rol de proveedores pasivos a convertirse en actores capaces de negociar condiciones, imponer estándares y decidir con autonomía. Quien controla la industrialización controla la narrativa tecnológica, accede a inversiones más selectivas y se inserta en las cadenas globales con mayor resiliencia y mejores condiciones comerciales.

En un contexto global donde los minerales críticos son fundamentales para la transición energética, la autonomía tecnológica y la defensa estratégica, la extracción sin industrialización deja a un país indefenso ante decisiones tomadas desde fuera, incapaz de capitalizar plenamente sus propios recursos y relegado a un rol periférico en el nuevo orden mundial.

En definitiva, la industrialización minera ha dejado de ser una opción de largo plazo para convertirse en una prioridad estratégica inmediata. Es la frontera que separa a quienes dominan el juego de quienes permanecen como simples espectadores. La extracción ya no es suficiente; el verdadero poder está en transformar minerales en capacidad industrial y tecnológica propia.

Sin industrialización, no hay soberanía minera real. Y sin soberanía minera real, la riqueza geológica puede convertirse rápidamente en una fuente de vulnerabilidad estratégica.

4. Las alianzas definen la resiliencia estratégica

La minería, en su nueva dimensión geopolítica, ya no puede ser entendida ni gestionada desde el aislamiento nacional. Los minerales críticos están profundamente integrados en cadenas globales complejas, cuyos nodos principales suelen estar dispersos en distintos países, empresas y territorios. Esto implica que ninguna nación —por poderosa o rica en recursos que sea— puede aspirar a controlar todo el ciclo minero-industrial sin depender en alguna medida de otros actores. En este contexto, las alianzas internacionales dejan de ser opcionales y se convierten en condición esencial para la resiliencia estratégica.

La construcción de alianzas no se limita únicamente a acuerdos comerciales tradicionales, sino que abarca asociaciones tecnológicas, financieras, ambientales e incluso diplomáticas. Aquellos países capaces de formar redes diversificadas de colaboración estratégica, que incluyan socios tecnológicos avanzados, acceso a financiamiento competitivo y mercados internacionales exigentes, fortalecen significativamente su posición frente a posibles disrupciones globales o presiones políticas externas. La capacidad de crear y mantener estas redes de alianzas define, en buena medida, la capacidad de adaptación, estabilidad y autonomía estratégica en un mundo cada vez más incierto.

En cambio, países que permanecen aislados o limitados en sus asociaciones quedan vulnerables frente a crisis globales, conflictos comerciales o cambios abruptos en la política internacional. Una dependencia exclusiva hacia un solo socio, como se ha visto claramente en la relación de algunos países con China, genera vulnerabilidades críticas que comprometen la soberanía y la capacidad negociadora. Las naciones que diversifican sus alianzas minimizan estos riesgos, fortalecen su posición en las negociaciones internacionales y aumentan la estabilidad económica y tecnológica de sus sectores mineros.

Asimismo, estas alianzas estratégicas pueden facilitar el desarrollo local de capacidades industriales y tecnológicas, mediante transferencia de conocimientos, acceso a mejores prácticas internacionales y formación de capital humano avanzado. Este factor es crucial para los países emergentes, que buscan ir más allá de la exportación de minerales en bruto y avanzar hacia una integración más profunda en las cadenas globales de valor.

La nueva realidad geopolítica exige alianzas de otro nivel: alianzas inteligentes, flexibles y proactivas, capaces de adaptarse rápidamente a los cambios tecnológicos, regulatorios y políticos del entorno internacional. Ya no basta con acuerdos puntuales o estáticos; se requiere una diplomacia minera dinámica, orientada a fortalecer la autonomía nacional y maximizar el poder negociador en escenarios globales complejos.

En definitiva, las alianzas estratégicas han dejado de ser un complemento a la política minera nacional para convertirse en una necesidad absoluta. Son el factor que determina la resiliencia, estabilidad y capacidad de adaptación de cualquier país en el nuevo orden minero global. Sin alianzas estratégicas sólidas y diversificadas, ninguna nación puede aspirar a una verdadera soberanía minera ni a una posición de liderazgo real en el mapa del poder global.

5. La tecnología limpia es diplomacia minera

La minería del siglo XXI ya no puede pensarse exclusivamente desde su dimensión técnica o económica. Hoy, las demandas ambientales y sociales definen las condiciones reales de acceso a mercados, capitales e incluso legitimidad política internacional. En este contexto, la tecnología limpia en minería ha dejado de ser simplemente una mejora técnica o un sello ecológico; se ha convertido en una poderosa herramienta diplomática y estratégica que determina la capacidad real de competir, negociar y posicionarse globalmente.

Aquellos países capaces de desarrollar modelos mineros limpios y sostenibles —desde la extracción hasta el procesamiento— obtienen ventajas competitivas inmediatas. Estos actores no solo logran acceder a mercados internacionales altamente exigentes en términos ambientales, sino que además fortalecen su legitimidad global y pueden negociar desde posiciones más sólidas en acuerdos comerciales y diplomáticos internacionales. La minería limpia se convierte así en una fuente tangible de prestigio, credibilidad y poder blando.

En contraste, quienes no logran cumplir estándares ambientales elevados quedan expuestos a presiones internacionales crecientes, restricciones comerciales y mayores riesgos reputacionales. La falta de tecnologías limpias limita el acceso a capitales, reduce la capacidad negociadora frente a socios internacionales y genera conflictos permanentes con las comunidades locales, convirtiéndose en una vulnerabilidad estratégica significativa.

Además, la minería limpia permite establecer alianzas estratégicas más avanzadas con países desarrollados y empresas tecnológicas globales, que buscan proveedores confiables para cumplir con sus propias metas climáticas y de sostenibilidad. Las naciones que lideran en sostenibilidad minera no solo reciben mayores inversiones, sino que también pueden acceder más fácilmente a transferencia tecnológica, innovación y financiamiento preferencial. De esta manera, la minería limpia no es solo una decisión ética o ambiental, sino una estrategia económica y diplomática inteligente que maximiza beneficios y reduce riesgos.

Esta nueva diplomacia minera basada en tecnología limpia ofrece también una oportunidad única para países emergentes, que pueden posicionarse rápidamente como referentes globales de sostenibilidad, ganando influencia política en foros multilaterales y construyendo narrativas de liderazgo positivo frente a la crisis climática global.

En definitiva, la tecnología limpia ha transformado profundamente el juego minero internacional. Ya no se trata solo de responsabilidad ambiental, sino de estrategia geopolítica efectiva. La capacidad de producir minerales estratégicos con estándares ambientales rigurosos es, hoy más que nunca, una ventaja competitiva esencial y una herramienta diplomática que abre puertas, fortalece posiciones y garantiza un poder negociador sostenido en el tiempo.

6. La inteligencia artificial es la nueva frontera minera

La minería ha sido siempre una industria intensiva en capital y recursos, dependiente de grandes inversiones, largos tiempos de desarrollo y operaciones complejas y costosas. Sin embargo, la irrupción de la inteligencia artificial está revolucionando radicalmente esta realidad, transformando la minería tradicional en una industria mucho más ágil, eficiente y estratégicamente avanzada. La IA ya no es simplemente una innovación tecnológica más: es una nueva frontera minera que determina quién liderará el futuro y quién quedará atrás.

La inteligencia artificial ofrece una ventaja competitiva inédita en todos los eslabones de la cadena minera. Desde la exploración geológica hasta la operación de las minas, la IA reduce significativamente tiempos, costos y riesgos, permitiendo a las empresas y países que la integran acelerar los ciclos de inversión, optimizar procesos y maximizar resultados. Las decisiones estratégicas que antes tomaban años hoy pueden ser apoyadas por sistemas predictivos en cuestión de semanas o días, brindando una velocidad estratégica incomparable frente a competidores menos avanzados tecnológicamente.

Además, la IA permite una precisión y eficiencia sin precedentes en aspectos críticos como la gestión ambiental, la seguridad laboral, el mantenimiento predictivo de equipos y la planificación operativa inteligente. Estos beneficios no solo reducen costos operativos, sino que aumentan la sostenibilidad de las operaciones mineras, fortaleciendo la legitimidad social y política del sector. De esta forma, la inteligencia artificial también refuerza la diplomacia minera al posibilitar una minería más transparente, responsable y trazable.

Pero la ventaja estratégica más profunda de la IA en minería reside en su capacidad de generar conocimiento autónomo a partir de grandes volúmenes de datos. Países y empresas que adopten tempranamente esta tecnología estarán en condiciones de descubrir nuevas reservas minerales con mayor rapidez, optimizar radicalmente sus cadenas de producción, anticipar tendencias del mercado global y tomar decisiones estratégicas con información precisa y actualizada en tiempo real. Quienes no lo hagan quedarán inevitablemente rezagados, perdiendo capacidad de negociación e influencia estratégica global.

En definitiva, la inteligencia artificial ha dejado de ser una opción tecnológica futurista para convertirse en una condición esencial del nuevo orden minero global. Países y empresas que logren integrarla exitosamente no solo liderarán económicamente, sino que también adquirirán una ventaja estratégica decisiva en el mapa mundial del poder del siglo XXI. La IA es, hoy más que nunca, la nueva frontera que separa claramente a los líderes mineros globales del resto del mundo.

7. La legitimidad social es poder de largo plazo

En el nuevo orden minero global, la legitimidad social ha dejado de ser una cuestión secundaria o puramente reputacional. Hoy es un elemento central, estratégico y determinante para la sostenibilidad real del sector minero. La minería que no cuenta con legitimidad social e institucional enfrenta obstáculos cada vez mayores, desde conflictos prolongados hasta bloqueos legales, pérdida de inversiones internacionales y restricciones crecientes para acceder a mercados globales exigentes en sostenibilidad y responsabilidad.

La legitimidad social se construye sobre la base de una relación genuina y transparente con las comunidades locales y la sociedad en general. No se trata solo de compensaciones económicas o beneficios puntuales, sino de la capacidad real que tiene una empresa o un país para traducir riqueza mineral en desarrollo tangible, equitativo y duradero. Quienes logran hacer esto con efectividad generan confianza pública, fortalecen sus instituciones y aseguran una licencia social de largo plazo que les permite operar con estabilidad, seguridad y proyección estratégica.

Además, una minería legítima y socialmente aceptada tiene el poder único de atraer talento joven calificado y comprometido. Las nuevas generaciones valoran cada vez más trabajar en industrias alineadas con sus valores personales, éticos y ambientales. Por lo tanto, empresas y países que construyen legitimidad social no solo aseguran la aceptación comunitaria, sino que también captan profesionales talentosos, innovadores y motivados, quienes ven en la minería una industria con propósito real, impacto positivo y oportunidades significativas de desarrollo personal y profesional.

En contraste, la falta de legitimidad social se convierte rápidamente en una vulnerabilidad estratégica crítica. Empresas y países sin apoyo social sólido quedan expuestos a una conflictividad permanente, sufren interrupciones frecuentes en sus operaciones, enfrentan litigios costosos y pierden competitividad en los mercados internacionales. Además, la ausencia de legitimidad afecta negativamente las negociaciones internacionales, limitando las posibilidades de formar alianzas sólidas y sostenibles en el tiempo.

La legitimidad social también tiene implicaciones diplomáticas profundas. Países capaces de mostrar modelos mineros transparentes, responsables y que contribuyen claramente al desarrollo de sus comunidades locales obtienen prestigio internacional y capacidad de influencia en foros multilaterales y negociaciones comerciales. Por el contrario, quienes fallan en esta dimensión pierden rápidamente credibilidad y enfrentan mayores barreras comerciales, presiones regulatorias y cuestionamientos políticos.

Por lo tanto, la legitimidad social debe entenderse no como un requisito secundario, sino como un componente integral de la estrategia minera. Las empresas y gobiernos que logren desarrollar modelos mineros legítimos, justos y socialmente aceptados no solo garantizan estabilidad operativa, sino que construyen poder real y sostenible en el largo plazo. En definitiva, en la era de la minería geopolítica, la legitimidad social es poder, y quien no la tenga estará destinado a perder protagonismo e influencia estratégica en el nuevo orden minero global.

La minería ilegal como vulnerabilidad estratégica

La expansión global de la minería ilegal no puede entenderse simplemente como un fenómeno delictual aislado. En el nuevo orden minero global, la minería ilegal es un síntoma claro y grave de debilidad institucional, vulnerabilidad estratégica y ausencia de legitimidad social profunda. Este fenómeno representa no solo una pérdida económica directa, sino un riesgo estructural creciente que amenaza la estabilidad política, económica y social de países y regiones enteras.

La minería ilegal surge y prospera principalmente en contextos donde la minería formal encuentra barreras regulatorias excesivas, demoras institucionales permanentes y una pérdida creciente de legitimidad ante la sociedad. En estos escenarios, la falta de velocidad estratégica en los procesos legales de permisología y la ausencia de narrativas simbólicas claras y creíbles facilitan un espacio vacío que rápidamente es ocupado por redes ilegales que operan fuera de toda regulación. Estas actividades informales se aprovechan del descontento social, la desesperación económica y las debilidades institucionales para crecer de manera descontrolada.

Desde una perspectiva sistémica, la minería ilegal genera múltiples efectos destructivos: degrada ambientalmente regiones enteras, erosiona la confianza ciudadana en las instituciones públicas, financia redes criminales transnacionales y alimenta la conflictividad social interna. Pero, sobre todo, la minería ilegal es un signo evidente de fracaso estratégico: es la manifestación tangible de que un país no ha logrado traducir sus recursos minerales en oportunidades legítimas, inclusivas y sostenibles para sus propios ciudadanos.

En este sentido, abordar la minería ilegal no puede reducirse únicamente a la persecución policial o a controles militares esporádicos. Requiere una estrategia profunda y sistémica: simplificación radical de los marcos regulatorios para la minería formal, fortalecimiento institucional, creación efectiva de alternativas económicas legítimas, y construcción de narrativas públicas sólidas y creíbles que recuperen la confianza social y política. La solución a la minería ilegal no es solamente técnica o policial, sino estratégica, institucional y simbólica.

En definitiva, ignorar o minimizar la expansión de la minería ilegal equivale a permitir una vulnerabilidad estratégica permanente dentro del nuevo orden minero global. Solo quienes comprendan y actúen sistémicamente frente a este fenómeno, fortaleciendo marcos regulatorios claros, legitimidad institucional y narrativas públicas sólidas, podrán consolidar un poder minero estable y sostenible en el largo plazo.

La minería ilegal no es simplemente ilegalidad. Es un desafío sistémico que demanda respuestas estratégicas profundas y urgentes.

El mapa del nuevo orden minero

El nuevo orden minero global se configura rápidamente. A partir del recorrido analítico realizado en este libro, podemos identificar claramente a los actores clave y las dinámicas estratégicas que definirán el poder mundial en las próximas décadas. Este mapa no es estático ni definitivo, pero sí marca tendencias claras y escenarios posibles, que deben ser comprendidos por cualquier líder político, económico o empresarial interesado en anticiparse al futuro.

En primer lugar, hemos visto a China consolidarse como el arquitecto anticipado del nuevo modelo minero global. Durante décadas, mientras Occidente relegaba la minería estratégica a un plano secundario, China invirtió, construyó capacidades industriales, aseguró cadenas de suministro globales y estableció alianzas sólidas en África, América Latina y Asia. Gracias a esta visión de largo plazo, hoy controla gran parte del procesamiento y refinación de minerales críticos, así como amplias redes tecnológicas, industriales y logísticas que lo posicionan como líder indiscutible del sector minero global.

Frente a esta realidad, Occidente está comenzando un profundo proceso de reposicionamiento estratégico. Estados Unidos, Canadá, Australia y Europa buscan urgentemente recuperar autonomía industrial y tecnológica, a través de políticas agresivas de industrialización minera, inversiones masivas en innovación tecnológica y alianzas estratégicas para diversificar su dependencia de China. Este movimiento implica desafíos enormes —burocracia interna, conflictos regulatorios y sociales— pero también oportunidades para redefinir el liderazgo tecnológico y minero occidental. La gran incógnita es si Occidente logrará acelerar suficientemente rápido para competir en igualdad de condiciones.

América Latina emerge como un tablero clave pero no homogéneo. La geología es sobresaliente —cobre, litio, níquel, grafito y tierras raras—, pero la ventaja real depende de gobernanza, estabilidad regulatoria y legitimidad territorial. En la región coexisten trayectorias distintas: países que aceleran marcos pro-inversión e intentan integrar cadenas industriales, otros en transición con mayor protagonismo estatal, y otros atrapados en brechas de gobernanza y licencia social. El punto crítico es pasar de exportar concentrados a construir capacidades tecnológicas y manufactureras propias mediante alianzas inteligentes y trazabilidad. Si logra alinear Estado, territorio y capital, la región puede convertir abundancia en poder; si no, persistirá la dependencia.

África, por su parte, ha comenzado a coordinarse con ambición explícita. Agenda 2063, el AfCFTA y el asiento permanente en el G20 anclan una narrativa de valor agregado, contenido local y trazabilidad sobre una dotación que concentra una porción decisiva de minerales críticos. Con modelos diversos —desde marcos de gobernanza y beneficiación avanzados hasta contextos donde la estabilidad es aún frágil—, el continente negocia cada vez más desde la exigencia de procesamiento en origen, transferencia tecnológica y corredores regionales. La ventana es inmediata: si convierte el consenso continental en ejecución, pasará de proveedor de insumos a diseñador de cadenas; si no, reproducirá la extracción sin poder de negociación sostenible.

Finalmente, el mapa se completa con Asia no china, donde actores como India, Indonesia, Vietnam y países de Asia Central están avanzando rápidamente para construir autonomía estratégica frente a Pekín. Estos países entienden que depender exclusivamente de China implica riesgos críticos a su soberanía industrial y política. Por ello, están apostando por políticas de industrialización minera profunda, alianzas tecnológicas diversificadas, y por generar sus propias narrativas estratégicas, que les permitan avanzar hacia un mayor protagonismo global. Aunque aún es temprano para asegurar el éxito de estas estrategias, lo cierto es que Asia se está moviendo con determinación para reclamar autonomía y posición estratégica propia en el tablero global.

En definitiva, el nuevo orden minero mundial será definido por cómo estas dinámicas y actores interactúen, negocien y compitan en las próximas décadas. No se trata solo de recursos naturales, sino del poder real para transformarlos en influencia industrial, tecnológica y diplomática. Este es el tablero que hemos mostrado a lo largo del libro, y es aquí donde la nueva minería geopolítica se convertirá en un factor decisivo del poder global.

El rol del Estado y de las empresas

En este nuevo orden minero global, el papel del Estado y de las empresas requiere redefinirse claramente. La minería estratégica ya no puede ser gestionada desde enfoques tradicionales, basados en la simple explotación de recursos, ni puede depender exclusivamente de decisiones empresariales aisladas. Hoy es esencial una nueva visión compartida, donde los Estados y las empresas desempeñan roles estratégicos complementarios, alineados con objetivos comunes de desarrollo económico, autonomía tecnológica y poder geopolítico.

En primer lugar, el Estado debe asumir un rol claro como arquitecto, facilitador y coordinador estratégico, pero no como operador directo. Su función clave consiste en generar condiciones óptimas que aceleren la transformación de los recursos minerales en poder industrial y tecnológico. Esto implica diseñar e implementar marcos regulatorios ágiles y transparentes, fomentar activamente la innovación tecnológica, invertir estratégicamente en infraestructura clave, y promover alianzas internacionales que fortalezcan la soberanía minera y la capacidad negociadora del país. El Estado debe también desarrollar estrategias claras para garantizar legitimidad social e institucional, asegurando que la minería genere beneficios tangibles para las comunidades locales y contribuya efectivamente al desarrollo sostenible.

Por su parte, las empresas mineras deben evolucionar rápidamente desde su rol tradicional de simples extractores de minerales hacia un rol de navegantes estratégicos capaces de gestionar complejidad, riesgos y alianzas globales. Las empresas ya no pueden limitarse a competir por costos o volúmenes de producción; necesitan convertirse en actores proactivos que anticipan escenarios globales, integran tecnologías disruptivas, desarrollan cadenas de valor industriales integradas y gestionan con efectividad el diálogo social, ambiental e institucional. En definitiva, deben evolucionar hacia un perfil estratégico que les permita navegar con éxito en el nuevo entorno global complejo y competitivo.

Es en este contexto donde la experiencia práctica y la visión estratégica se vuelven esenciales. La capacidad de integrar el conocimiento profundo del terreno con una lectura precisa del entorno global marcará la diferencia en la nueva minería geopolítica. El nuevo mapa minero global demandará líderes capaces de manejar al mismo tiempo las complejidades técnicas, políticas e institucionales, anticipando escenarios antes que reaccionando a ellos.

La clave estará en saber navegar entre ambos mundos: el técnico-operativo y el geopolítico, la realidad local y el contexto global, la urgencia inmediata y la planificación estratégica de largo plazo.

En este nuevo paradigma minero, la relación Estado-empresa deja de ser simplemente regulatoria o contractual. Se convierte en una alianza estratégica dinámica, basada en objetivos compartidos y complementarios. El Estado genera condiciones para el éxito indus-

La Minería ha Muerto. Larga Vida a la Minería Geopolítica

trial, y las empresas ejecutan esta visión estratégica con velocidad, innovación y legitimidad. Esta alianza virtuosa es la que permitirá a los países aprovechar al máximo sus recursos minerales, consolidando posiciones de liderazgo real y sostenible en el nuevo mapa global del poder minero.

Del diagnóstico a la ejecución: cuatro ejes para actuar y una alerta para observar

Tras recorrer en profundidad las distintas regiones, tensiones y estrategias que están definiendo la nueva era minera global, surge naturalmente una pregunta: ¿cómo llevar a la práctica estas siete lecciones estratégicas para no quedar atrapados en un diagnóstico perpetuo? Es aquí donde ofrecemos una síntesis operativa que no sustituye lo analizado, sino que lo agrupa en cuatro grandes ejes, para convertir ideas complejas en una hoja de ruta clara y ejecutable.

Primer eje: la velocidad soberana (Clave estratégica 1: La velocidad es poder geopolítico)

En esta nueva era minera, el tiempo ya no es simplemente dinero; se ha convertido en poder geopolítico, autonomía estratégica y capacidad negociadora. Los minerales críticos son esenciales, sí, pero la ventaja competitiva está en la rapidez con que un país logra identificar, desarrollar y poner en marcha esos recursos. Cuando los procesos regulatorios son lentos, confusos o burocráticos, no solo se pierde mercado y oportunidades económicas; también se genera un vacío que rápidamente es ocupado por actores ilegales e informales. Es así como la lentitud regulatoria termina siendo una ventana abierta a la minería ilegal, al deterioro territorial y a la pérdida de legitimidad institucional. La velocidad soberana, entonces, no es una ventaja secundaria: es una condición fundamental para que el Estado y las empresas conviertan su riqueza geológica en poder real, cerrando el espacio a cualquier actividad ilícita que amenace su estabilidad.

. . .

Segundo eje: la legitimidad integral (Claves estratégicas 2, 5 y 7: El relato simbólico construye legitimidad; La tecnología limpia es diplomacia minera; La legitimidad social es poder de largo plazo)

La legitimidad dejó de ser una cuestión meramente reputacional o comunicacional para transformarse en una condición estratégica que define el éxito o fracaso de la minería moderna. El sector minero debe reconstruir su narrativa pública desde lo simbólico, dejando atrás el relato de la explotación aislada y extractiva, y posicionándose como infraestructura indispensable del desarrollo tecnológico, industrial y defensivo. La minería no solo permite la transición energética o la fabricación de componentes críticos para la defensa; constituye la base material sobre la cual se sustenta el progreso tecnológico de todo el siglo XXI. Este relato potente debe respaldarse con evidencia tangible: tecnologías limpias verificables mediante sistemas rigurosos de medición, reporte y trazabilidad. Pero, sobre todo, requiere una licencia social construida directamente con cada ciudadano —cara a cara, en terreno, sin intermediarios—, con compromisos trazables y mecanismos claros de gobernanza local y reclamación. La legitimidad integral, por lo tanto, no es solo deseable, es imprescindible para acelerar aprobaciones, reducir costos de capital y abrir mercados premium, cerrando también cualquier oportunidad a la ilegalidad.

Tercer eje: autonomía industrial en red (Claves estratégicas 3 y 4: La extracción sin industrialización es vulnerabilidad estratégica; Las alianzas definen la resiliencia estratégica)

Exportar minerales en bruto sin capacidades propias es hoy una vulnerabilidad estratégica. El valor agregado no está en la extracción, sino en la industrialización profunda: refinación, manufactura de componentes avanzados y desarrollo tecnológico propio. La soberanía minera moderna exige esta integración vertical, pero no en aislamiento. Ningún país puede controlar todo el ciclo minero-industrial sin socios estratégicos. De allí la importancia decisiva de alianzas internacionales inteligentes y diversificadas, capaces de proveer transferencia tecnológica, financiamiento competitivo, acceso a mercados avanzados y estabilidad a largo plazo. La industrialización minera en red no solo protege frente a la volatilidad de los precios o la dependencia externa; también permite participar activamente en el diseño de estándares tecnológicos, regulatorios y comerciales a escala global. En definitiva, industrializar con alianzas inteligentes es la única vía realista hacia la autonomía estratégica y la resiliencia en un entorno global complejo e incierto.

Cuarto eje: la inteligencia artificial como ventaja compuesta (Clave estratégica 6: La inteligencia artificial es la nueva frontera minera)

Finalmente, la irrupción de la inteligencia artificial ha dejado de ser una innovación tecnológica accesoria para transformarse en una condición esencial del nuevo orden minero global. La IA no es solamente una mejora operativa: multiplica el rendimiento en cada etapa —desde exploración y operación hasta comercialización—, reduce costos operativos, anticipa tendencias de mercado y asegura la trazabilidad y legitimidad de cada acción minera. Los países y empresas que adopten tempranamente tecnologías basadas en datos, modelos predictivos y automatización, no solo serán capaces de liderar económicamente, sino que tendrán la capacidad real de fijar los estándares tecnológicos, ambientales y sociales para todo el sector. La inteligencia artificial, por tanto, crea una ventaja acumulativa decisiva: quienes llegan primero marcan el ritmo y establecen la frontera tecnológica; los rezagados difícilmente podrán alcanzarlos.

Señal de alerta: la minería ilegal

La expansión acelerada de la minería ilegal no es un fenómeno aislado o circunstancial. Es la señal de alerta más clara de que alguno de estos cuatro ejes estratégicos está fallando: lentitud regulatoria, pérdida de legitimidad, industrialización limitada o ausencia de alianzas efectivas. La minería ilegal es el síntoma visible y crítico de vulnerabilidad institucional, regulatoria y territorial. Combatirla no solo implica simplificar regulaciones o fortalecer instituciones; requiere también acelerar decisiones, reconstruir confianza con trazabilidad verificable y ofrecer alternativas económicas sostenibles. Por lo mismo, la minería ilegal debe medirse permanentemente como indicador crítico de la salud institucional del sector, para detectar a tiempo y corregir cualquier falla estructural.

Estos cuatro ejes estratégicos no reemplazan, sino que agrupan y operativizan las siete grandes lecciones analizadas en este capítulo. Se ofrecen aquí como una herramienta clara y práctica para facilitar la ejecución concreta, acelerando la transición desde el diagnóstico profundo hacia la acción efectiva y estratégica.

Desde este marco práctico para ejecutar, quedan abiertas preguntas estratégicas fundamentales que determinarán quiénes liderarán realmente el nuevo orden minero global en los próximos años.

Preguntas que abren futuro

En un contexto global tan dinámico y complejo como el que hemos explorado en este libro, ofrecer certezas absolutas sería un acto ingenuo o irresponsable. Por ello, más que respuestas definitivas, queremos cerrar planteando preguntas estratégicas abiertas que invitan a reflexionar sobre lo que viene, proyectando escenarios, identificando riesgos y anticipando oportunidades clave.

¿Qué países serán capaces de convertir efectivamente sus recursos minerales en poder industrial real antes de que la ventana de oportunidad generada por la transición energética global, la revolución tecnológica y las nuevas demandas de seguridad nacional se cierre o estabilice? ¿Quiénes lograrán acelerar lo suficiente para capitalizar plenamente esta oportunidad histórica?

¿Qué nuevas alianzas internacionales surgirán para redefinir las cadenas globales de valor en torno a los minerales estratégicos?

¿Veremos alianzas inesperadas entre Occidente y regiones emergentes para contrarrestar el poder minero chino? ¿Qué roles estratégicos jugarán América Latina, África o Asia Central en esta nueva diplomacia minera global?

¿Será Occidente capaz de combinar con éxito velocidad estratégica y legitimidad institucional al mismo tiempo? ¿Podrán los países occidentales superar sus actuales desafíos regulatorios, políticos y sociales para competir en igualdad de condiciones con actores más ágiles como China? ¿O quedarán atrapados en conflictos internos y burocracias regulatorias permanentes?

¿Cómo evolucionará la minería ilegal en este nuevo contexto estratégico global? ¿Qué países lograrán revertir efectivamente esta dinámica, convirtiendo sus recursos minerales en fuentes legítimas de desarrollo? ¿Qué riesgos geopolíticos surgirán por la expansión descontrolada de estas redes informales, especialmente en América Latina y África? ¿De qué manera impactará la minería ilegal en la legitimidad institucional y la estabilidad de aquellos países que no consigan gestionarla estratégicamente?

Finalmente, ¿cómo evolucionará el papel de la inteligencia artificial en el futuro inmediato de la minería global? ¿Qué países y empresas podrán realmente integrar estas tecnologías a tiempo? ¿Quiénes serán los grandes ganadores y perdedores en esta carrera tecnológica? ¿De qué manera alterará esta dinámica el equilibrio estratégico global?

Estas preguntas no tienen respuestas simples ni inmediatas, pero serán fundamentales para definir los próximos movimientos en el tablero minero mundial. Reflexionar seriamente sobre ellas, anticipando escenarios y explorando posibilidades, será la diferencia entre quienes comprendan a tiempo este nuevo orden global y quienes queden rezagados en el juego estratégico del siglo XXI.

Cinco Insights Mineros Geopolíticos

Finalmente, si algo queremos que permanezca con el lector tras este recorrido, son estas cinco insights. Como autores, creemos que estos insights son la esencia misma de la nueva minería geopolítica: señales claras y profundas que permiten comprender las fuerzas estructurales, tensiones críticas y desafíos estratégicos que moldean el presente y definirán el futuro. No son solo conclusiones, son las perspectivas fundamentales que explican qué está en juego, por qué importa, y qué no podemos permitirnos ignorar.

A lo largo de este libro hemos explorado estos temas en profundidad, examinándolos en distintas regiones, modelos y decisiones estratégicas. Ahora los presentamos nuevamente, no como argumentos nuevos, sino como *insights* condensados: los principios clave que queremos que cada lector se lleve consigo. Estos cinco insights sintetizan la esencia de la nueva minería geopolítica, ofreciendo una síntesis clara y memorable de lo que está verdaderamente en juego, por qué importa y qué no podemos darnos el lujo de ignorar.

1. La narrativa minera es poder

La minería hoy exige un relato claro que explique su rol esencial en la sociedad contemporánea. No basta con extraer minerales ni presentar cifras de producción; es necesario legitimar esta actividad frente a comunidades, gobiernos, mercados e inversores. La narrativa debe demostrar que la minería no es solo extracción, sino progreso, innovación tecnológica, generación de bienestar social, creación de empleos de calidad y seguridad estratégica nacional. Comunicar con transparencia y precisión por qué los minerales críticos son indispensables para la transición energética, la inteligencia artificial, la defensa nacional y la conquista del espacio es lo que define la nueva legitimidad del sector. Solo así será posible diferenciar claramente la minería formal de la informal, posicionarla con credibilidad ante la opinión pública y asegurar la estabilidad regulatoria y comercial a largo plazo.

La Minería ha Muerto. Larga Vida a la Minería Geopolítica

. . .

2. La velocidad es la nueva ventaja minera

En la nueva minería geopolítica, la rapidez se convierte en ventaja crítica debido a la aceleración tecnológica y la creciente competencia global por los minerales estratégicos. Transformar rápidamente recursos geológicos en proyectos viables, obtener permisos de forma ágil, poner en marcha operaciones con eficiencia, y convertir estas operaciones en poder industrial tangible es vital para sostener la ventaja estratégica. La velocidad no solo determina el éxito económico; también impacta directamente la capacidad de un país para asegurar su soberanía tecnológica, cumplir objetivos estratégicos de seguridad nacional, y posicionarse sólidamente frente a rivales geopolíticos que avanzan con igual urgencia. En este contexto global acelerado, aquellos actores —países o empresas— que logren acortar tiempos, reducir burocracia y ejecutar con eficiencia, serán quienes definan las reglas del juego minero del siglo XXI.

3. El valor de la minería está en la industrialización

El verdadero valor estratégico de la minería no reside simplemente en exportar materias primas, sino en la capacidad de desarrollar un robusto ecosistema industrial propio: desde la refinación avanzada y la manufactura especializada hasta la creación de tecnologías y soluciones innovadoras en el downstream. Cuando un país logra transformar sus recursos minerales en productos y componentes tecnológicos sofisticados, asegura no solo su posición estratégica, sino también una sólida soberanía económica y tecnológica, reduce sustancialmente su dependencia externa y aumenta significativamente su protagonismo en las cadenas globales de valor del siglo XXI. Sin este desarrollo industrial integrado, la minería queda atrapada en un modelo limitado de extracción primaria, restringiendo su potencial real para impulsar un progreso sostenible, generar innovación tecnológica constante y alcanzar una verdadera autonomía estratégica.

4. El Estado debe ser el facilitador estratégico de la minería

Para que la minería alcance todo su potencial estratégico y económico en este nuevo contexto geopolítico, el Estado debe asumir un rol activo y facilitador. Esto implica contar con una visión clara de país que integre minería, industrialización, innovación tecnológica y desarrollo social en un solo proyecto nacional. Se necesitan regulaciones inteligentes que equilibren responsabilidad ambiental y social con agilidad administrativa, instituciones ágiles capaces de acelerar procesos de permisología y habilitación operativa, y políticas públicas coherentes que atraigan inversiones tecnológicas e industriales de alto valor. Solo un Estado con liderazgo estratégico, visión integral y capacidad institucional suficiente puede garantizar la estabilidad regulatoria necesaria para que la minería formal prospere, asegure su legitimidad y contribuya efectivamente a la autonomía económica, tecnológica y geopolítica de un país.

5. La minería ilegal no se detiene

La minería ilegal avanza más rápido que la formal precisamente porque opera al margen de controles regulatorios y autorizaciones institucionales. Su expansión no es un fenómeno aislado, sino una alerta sistémica que revela debilidades profundas y estructurales: marcos regulatorios lentos y obsoletos, instituciones incapaces de actuar con rapidez ante desafíos emergentes, falta de presencia efectiva del Estado en territorios estratégicos, y una narrativa pública que no logra diferenciar con claridad y contundencia la minería legítima de aquella informal. Esta dinámica paralela crece en la ambigüedad institucional, erosionando la legitimidad del sector formal, acelerando el deterioro ambiental, generando graves conflictos sociales, debilitando la confianza pública en el sector, y creando espacios vulnerables que pueden ser utilizados por grupos criminales organizados. Frente a este desafío, fortalecer la minería formal implica no solo mejorar controles, sino también implementar una narrativa clara y marcos regulatorios efectivos que restauren la legitimidad social y aseguren la estabilidad económica y la seguridad nacional.

Estos cinco insights no solo explican lo que está ocurriendo hoy en la minería global, sino que son las claves para decidir qué futuro queremos construir. La nueva minería geopolítica ya está aquí, y comprender estas fuerzas es esencial para navegar con éxito en un siglo donde los minerales definirán el poder, la innovación y el progreso de las naciones.

La próxima era minera

Este libro no es una conclusión, sino el inicio de una conversación mucho más amplia y urgente. La nueva minería geopolítica no es una hipótesis futura, sino una realidad ya presente, cuyos primeros signos hemos recorrido y analizado en profundidad. Los minerales críticos han transformado radicalmente la manera en que entendemos el poder económico, político y estratégico global. Este cambio estructural demanda nuevas formas de pensamiento, análisis riguroso y una capacidad de anticipación estratégica que solo algunos actores logran desarrollar con éxito.

Nos encontramos frente a un punto de inflexión histórico que exige decisiones inmediatas y una visión de largo plazo. Países y empresas deben tomar decisiones audaces ahora, no en una década. La velocidad estratégica, la legitimidad social profunda, la industrialización integral, la inteligencia artificial, la tecnología limpia, las alianzas inteligentes, el manejo sistémico de la minería ilegal y el control estratégico del relato público minero definirán quién liderará este siglo y quién quedará rezagado, atrapado en dependencias y vulnerabilidades históricas.

Sin embargo, este libro no ha pretendido únicamente explicar lo que está ocurriendo; su propósito central es anticipar y proyectar lo que viene. El objetivo, más allá del análisis profundo, es acompañar a líderes, tomadores de decisiones e inversores en la construcción inteligente y sostenible de este nuevo orden minero global. En esta tarea será indispensable una combinación precisa entre visión estratégica, conocimiento operativo y capacidad para entender escenarios complejos y cambiantes.

Los próximos años serán decisivos para redefinir por completo el mapa del poder global. Quienes comprendan la urgencia y magnitud de este cambio histórico tendrán la capacidad de anticiparse a escenarios complejos, identificar oportunidades estratégicas clave y transformar recursos minerales en verdadero poder industrial y geopolítico.

Este libro, en definitiva, es una invitación abierta a pensar estratégicamente sobre el futuro inmediato. La minería geopolítica no es solo sobre minerales: es sobre estrategia, autonomía y poder real en el siglo XXI. Aquellos que logren entenderlo a tiempo serán los nuevos arquitectos del orden global que viene, conscientes de que los minerales críticos son mucho más que simples recursos naturales: constituyen la infraestructura silenciosa sobre la cual se construirá el futuro inmediato del mundo.

La minería tradicional ha muerto. Larga vida a la nueva minería geopolítica.

Referencias

Adiya, A. (2024, 21 de agosto). Blinken spurs critical minerals momentum in Mongolia. East Asia Forum.
African Union. (2015). Agenda 2063: The Africa We Want. Addis Ababa: African Union Commission.
African Union. (2018). Agreement Establishing the African Continental Free Trade Area. Kigali: African Union Commission.
African Union. (2021, 2 de septiembre). The African Mining Vision: Transparent, equitable and optimal exploitation of Africa's mineral resources [Comunicado de prensa]. Addis Ababa: African Union Commission.
African Union. (2021). African Continental Free Trade Area – Status and Implementation. Addis Ababa: African Union Commission.
African Union. (2024). Second Ten-Year Implementation Plan of Agenda 2063 (2024–2033). Addis Ababa: African Union Commission.
Agencia Internacional de Energía (IEA). (2023). Energy Technology Perspectives 2023 – Clean Energy Supply Chains. París: IEA.
Agencia Internacional de Energía (IEA). (2024, mayo). Global Critical Minerals Outlook 2024. París: IEA.
Agencia Internacional de Energía (IEA). (2024, 17 de mayo). Soaring demand and rising risks for critical minerals [Comunicado de prensa]. París: IEA.
Agencia Internacional de Energía (IEA). (2025). China dominates battery mineral refining. En Clean Energy Technology Supply Chains Report. París: IEA.
AidData. (2023). China's investment in critical minerals: A global perspective. Williamsburg, VA: AidData.
AidData. (2025). Power Playbook: Beijing's Bid to Secure Overseas Transition Minerals. Williamsburg, VA: AidData at William & Mary.
Aquino, M. (2023, 27 de septiembre). Peru seeks mining investment revival with pledge to end 'chaos, disorder'. Reuters.
Argus Media. (2025, 12 de junio). Philippines axes planned ban on nickel ore exports. Argus Metals News.
Atlantic Council. (2023, 12 de octubre). Central Asia's geography inhibits a US critical minerals partnership. Atlantic Council.
Baptista, D. (2025, 21 de marzo). In data: Mining disputes rising amid rush for critical minerals. Context – Thomson Reuters Foundation News.
Barrick Gold. (2023, diciembre). Reko Diq project overview. Barrick Gold.
Baskaran, G., & Schwartz, M. (2025). G7 Cooperation to De-Risk Minerals Investments in the Global South. Center for Strategic and International Studies.
Batdorj, B. (2025, 26 de junio). Mongolia's Critical Mineral Diplomacy: Strategic Balancing between Neighbours. Italian Institute for International Political Studies (ISPI).
BBC Mundo. (2009, 10 de septiembre). China, the power of rare earths. BBC.

Referencias

BNamericas. (2024, septiembre). Grounds for concern: The legal landscape shaking Colombia's mining sector. BNamericas.

Boadle, A., & Brito, R. (2024, 13 de agosto). Germany, Italy import legally dubious Brazilian gold, study shows. Reuters.

Bloomberg. (2024, 3 de mayo). Philippines explores US partnership to reduce nickel dependence on China. Bloomberg News.

Brigard Urrutia. (2024, febrero). Temporary reserves in the Colombian mining sector. Brigard Urrutia.

Buenos Aires Times. (2024). U.S.-Argentina technical agreements on lithium governance. Buenos Aires Times.

Business & Human Rights Resource Centre. (2025). Bolivia: Communities already experiencing water shortages share their concerns about Chinese and Russian lithium projects. BHRRC.

BYD Brasil. (2024). *Relatório de Sustentabilidade 2023*. São Paulo: BYD Brasil.

Cambero, F. (2023a, 27 de marzo). Lula ends Bolsonaro-era push to allow mining on Indigenous lands. Reuters.

Cambero, F. (2023b, 18 de mayo). Chile greenlights mining tax reform that boosts government take. Reuters.

Cambero, F. (2023c, 13 de julio). Chile miners, facing higher taxes, seek faster permits, lower energy costs. Reuters.

Caspian Policy Center. (2023, mayo). Kazakhstan's mineral resources and strategic potential. Caspian Policy Center.

Centro de Estudios Estratégicos e Internacionales (CSIS). (2025, 9 de julio). Impacts of the One Big Beautiful Bill Act on the Mining Sector. CSIS.

Chen, W., Laws, A., & Valckx, N. (2024, 29 de abril). Harnessing Sub-Saharan Africa's critical mineral wealth. International Monetary Fund News.

Chime, V. (2025, 17 de febrero). South Africa's G20 push for local processing of transition minerals faces barriers. Climate Home News.

Climate Home News. (2024, 10 de mayo). Nickel mining for electric vehicles is destroying lives in Indonesia. Climate Home News.

Comisión Europea. (2024, mayo). Critical Raw Materials Act – Official Summary (EU Regulation 2023/xxx). Bruselas: Comisión Europea.

Council on Strategic and Economic Partnerships (CSEP). (2024, febrero). India joins Minerals Security Partnership [CSEP Policy Brief].

Council on Foreign Relations (CFR). (2025). China in Africa: March 2025 [Transcripción de seminario web]. CFR.

Dombrovskis, V. (2024, 17 de abril). EU-Uzbekistan Strategic Partnership on Critical Raw Materials. Comisión Europea.

El Economista. (2023, 5 de octubre). Minera Peñasquito y Sindicato Minero logran acuerdo para poner fin a huelga. El Economista.

El País. (2024, 25 de junio). La minera china Ganfeng inicia un arbitraje contra México por la cancelación de sus concesiones de litio. El País.

El País. (2025a, 3 de junio). El accidentado camino del litio en Bolivia: 17 años de promesas de un desarrollo económico que no despega. El País.

El País. (2025b, 21 de julio). Cómo un proyecto minero en Jericó sembró desconfianza y hostilidades. El País.

Referencias

El País. (2025c, 22 de julio). La extracción de litio que amenaza con dejar sin agua a comunidades indígenas de Bolivia. El País.

European Commission. (2023). EU-Chile advanced framework agreement. Comisión Europea.

European Parliament Think Tank. (2024). EU-Latin America partnerships for sustainable raw materials. Parlamento Europeo.

Fastmarkets. (2025). MP Materials secures DoD funding to expand US rare earth magnet capacity. Fastmarkets.

Federación Internacional por los Derechos Humanos (FIDH); Asociación Interamericana para la Defensa del Ambiente (AIDA); Fundación Ambiente y Recursos Naturales (FARN). (2024, abril). Fiebre por el litio: derechos de pueblos indígenas bajo amenaza en Jujuy, Argentina.

Fournier, P. (2024, 9 de diciembre). Nickel mining for electric vehicles is destroying lives in Indonesia. Climate Home News.

Garcia, D. A., Hilaire, V., & Torres, N. (2023, 29 de marzo). Mexican president proposes tougher mining laws, shorter concessions. Reuters.

Gulf Intelligence. (2023, 15 de febrero). Manara Minerals: Saudi Arabia's global mining investment arm. Gulf Intelligence.

Gulf News. (2023, 5 de mayo). Saudi Arabia says mining to be third pillar of economy. Gulf News.

HCSS – The Hague Centre for Strategic Studies. (2024, noviembre). A new golden age for Argentinian mining? Opportunities, risks, and global demand scenarios. HCSS.

Haidar, A. (2025, 5 de junio). UK, Kazakhstan explore critical minerals partnership with strategic depth. The Astana Times.

Harrisberg, K. (2025, 28 de enero). Africa's artisanal miners may benefit from global renewables push. Thomson Reuters Foundation – Context News.

Hernandez-Roy, C., Ziemer, H., & Toro, A. (2025, 18 de febrero). Mining for defense: Unlocking the potential for U.S.-Canada collaboration on critical minerals. Center for Strategic and International Studies (CSIS).

Indian Express. (2024, 18 de septiembre). India's mineral diplomacy and the Quad. The Indian Express.

Instituto Escolhas. (2024). Europe's risky gold: An analysis of Brazilian gold entering European markets. São Paulo: Instituto Escolhas.

International Council on Mining and Metals (ICMM), & GlobeScan. (2023). ICMM GlobeScan Radar 2023: Global attitudes towards mining and metals. ICMM.

International Trade Administration (ITA). (2024, 24 de abril). Guinea – Mining and minerals. U.S. Department of Commerce.

International Trade Administration (ITA). (2025, 10 de junio). Ghana mining gold rush. U.S. Department of Commerce.

InvestUAE. (2023, 19 de agosto). UAE-Argentina mining cooperation agreement. Ministerio de Economía de Emiratos Árabes Unidos.

Jamasmie, C. (2025, 25 de marzo). EU selects 47 strategic projects to secure critical minerals access. Mining.com.

Jefferis, K. (2024, 8 de julio). Management of Botswana's diamond revenues. IMF Public Financial Management Blog.

Referencias

La Jornada. (2025, 2 de marzo). Guerra comercial y el control de los minerales del futuro. La Jornada.

Lv, A., Rajagopal, D., & Scheyder, E. (2024, 6 de diciembre). Rattled by China, West scrambles to rejig critical minerals supply chains. Reuters.

MAAP. (2025). *Mining Frontiers 2025: Illegal gold mining hotspots in the Andean Amazon*. Monitoring of the Andean Amazon Project – Amazon Conservation.

Ma'aden. (2025, 8 de marzo). Saudi Arabian Mining Company annual report 2025. Ma'aden.

Marin, A., & Palazzo, G. (2024). Civic power in just transitions: Blocking the way or transforming the future? (IDS Working Paper No. 614). Institute of Development Studies.

Martínez, M. P. (2023, 5 de octubre). Minera Peñasquito y Sindicato Minero logran acuerdo para poner fin a huelga. El Economista.

Merwin, S. (2022, 30 de septiembre). Indonesia's nickel policy reshaping EV supply chains. Mining Journal.

Mining.com. (2025, junio). Bolivian court pauses Chinese, Russian lithium deals. Mining.com.

Mining.com. (2025, 6 de mayo). Saudi-US rare earths processing plant planned for 2027. Mining.com.

Mining Digital. (2024, 25 de octubre). McKinsey: Tech & Laws can Ease Critical Minerals Shortage (S. Ashcroft, autor).

Mining Industry Human Resources Council (MiHR). (2023). MiHR Youth Perceptions Survey Presentation 2023. Abacus Data.

Mining Technology. (2018, 26 de junio). Tajikistan's Talco forms $200m mining JV with Chinese firm. Mining Technology.

Mining Technology. (2023, 11 de octubre). Reko Diq copper-gold mine, Pakistan. Mining Technology.

Mongabay. (2023a, 10 de abril). Brazil's gold mining boom fuels conflict in Yanomami territory. Mongabay.

Mongabay. (2023b, 20 de junio). En Bolivia, las dragas de la minería del oro acorralan a la reserva amazónica Manuripi. Mongabay.

Mongabay. (2025, abril 17). Bolivian communities push back against foreign-backed lithium projects. Mongabay

Munyati, C. (2024, 25 de junio). Why strong regional value chains will be vital to the next chapter of China and Africa's economic relationship. World Economic Forum.

Natural Resource Governance Institute (NRGI). (2021). *2021 Resource Governance Index – Selected results (Mining)*. NRGI.

Natural Resources Canada. (2024). *Critical Minerals R&D Program Overview*. Natural Resources Canada.

Nickel Institute. (2023). *Indonesia's nickel strategy and EV ambitions*. Nickel Institute.

Nickel producers fear growing Indonesian pricing power (2024, 5 de marzo).

Página/12. (2025, 3 de marzo). *El Banco Mundial suspendió un estudio clave en Salinas Grandes*. Página/12.

Pasquali, V. (2024, 4 de diciembre). *Critical minerals become a Middle East battleground*. Arabian Gulf Business Insight (AGBI).

Referencias

Pentagon supports refining on U.S. bases to boost output (2025, 10 de marzo).
PhilStar. (2023, 20 de marzo). *Philippines eyes inclusion in US-Japan critical minerals pact*. The Philippine Star.
Public Eye. (2024, 25 de enero). *Brazil: 5 years after Brumadinho, accountability and justice*. Public Eye/FIDH.
Rare Earth Exchanges. (2023, 11 de septiembre). *US and Vietnam sign MoU on rare earths cooperation*. Rare Earth Exchanges.
Ramos, D., & Solomon, D. B. (2024, 26 de noviembre). *Bolivia says China's CBC to invest $1 billion in lithium plants*. Reuters.
Radwin, M. (2023, February 21). *Mexico nationalizes lithium, creating state-run company*. Mongabay.
Reuters. (2018, 17 de mayo). *China's Tianqi Lithium buys 24% stake in Chile's SQM for $4 billion*. Reuters.
Reuters. (2019, 18 de julio). *Ecuador begins large-scale mining at Mirador copper project*. Reuters.
Reuters. (2019, 27 de agosto). *Chinese venture to start mining battery metal antimony in Tajikistan*. Reuters.
Reuters. (2022, 21 de diciembre). *Zimbabwe bans raw lithium exports to curb artisanal mining*. Reuters.
Reuters. (2023, 24 de octubre). *Namibia orders police to stop Chinese firm's lithium exports*. Reuters.
Reuters. (2024, 11 de enero). *WTO rules against Indonesia's nickel export ban*. Reuters.
Reuters. (2024, 18 de enero). *China widens South America trade highway with Silk Road mega-port*. Reuters.
Reuters. (2025a, 20 de enero). *Zijin reanuda producción de oro en Buriticá tras ataques armados*. Reuters.
Reuters. (2025, February 18). *BYD adjusts Brazil plant plans amid shifting EV demand*. Reuters.
Reuters. (2025, 25 de febrero). *Botswana, De Beers sign long-delayed diamonds deal*. Reuters.
Reuters. (2025, 13 de marzo). *USGS slashes estimate of Vietnam's rare earth reserves in major revision*. Reuters (via *Mining.com*).
Reuters. (2025, 13 de mayo). *China-Latin America trade exceeded $500 billion in 2024*. Reuters.
Reuters. (2025, 29 de junio). *Indonesia-China lithium battery plant operational by end-2026, official says*. Reuters News.
Reuters. (2025b, 1 de julio). *Chile's Codelco secures new lithium quota for SQM partnership*. Reuters.
Reuters. (2025c, 17 de julio). *BHP, Lundin JV extends useful life of Argentina copper mine*. Reuters.
Rivera, M., & Zamanillo, E. (2023). *Geopolitical mining: From ore to order in a world of engineer and juridical states* (White paper, Version 1.2). Quanta Mining.
Russin & Vecchi. (2023, diciembre). *Vietnam's Master Plan for Rare Earths 2023–2030*. Russin & Vecchi Law Firm.
S&P Global. (2024). *Development times: U.S. in perspective*. S&P Global.
S&P Global. (2024). *Mine development times in the U.S. and Canada: In perspective*. S&P Global.

Referencias

S&P Global. (2025). *From 6 years to 18 years: The increasing trend of mine lead times*. S&P Global.

Schäpe, B. (2024). *How to De-risk Green Technology Supply Chains from China Without Risking Climate Catastrophe*. Carnegie Endowment for International Peace.

Scheyder, E. (2024, 18 de julio). *US mine development timeline second-longest in world, S&P Global says*. Reuters.

Scheyder, E., Denina, C., & Magid, P. (2025, 8 de abril). *Saudi's Ma'aden weighs foreign partner for minerals processing pact*. Reuters.

Schoonover, N. (2025, 28 de marzo). *China in Africa: March 2025*. Council on Foreign Relations.

Secure Energy. (2024, 22 de julio). *UAE-US critical minerals working group established*. Secure Energy Policy Forum.

Servicio de Impuestos Internos de Estados Unidos (IRS). (2022). *Clean Vehicle Credit under Internal Revenue Code Section 30D*. IRS.

SFA Oxford. (2025). *Implications of the One Big Beautiful Bill for U.S. Critical Minerals Supply Chains*. Oxford, Reino Unido: SFA (Oxford) Ltd.

Sharifli, Y. (2025). *Kazakhstan and PRC collaborate in critical minerals sector*. Eurasia Daily Monitor, 22(66). Jamestown Foundation.

Sigma Lithium. (2025, February 27). *BNDES approves financing for Sigma Lithium's Grota do Cirilo expansion*.

Society for Mining, Metallurgy & Exploration (SME). (2022). *Maintaining the viability of U.S. mining education* [Documento técnico]. SME.

Solomon, D. B. (2024, 28 de marzo). *Chile needs to finalize more lithium plan details to spur investment*. Reuters.

Solomon, D. B., & Scheyder, E. (2024, 10 de julio). *Global lithium sector eyes Argentina's salt flats on tech test run*. Reuters.

Sprott. (Hathaway, J., & Kargutkar, S.). (2023, 12 de julio). *Gold vs. gold stocks: An unresolved incongruity*. Sprott.

Strauss, J. (2025, 16 de junio). *Stop blaming everyone else: Mining needs to help itself*. Digbee News.

Teck Resources. (2024). *Sustainability Report 2024*. Teck Resources.

The Diplomat. (2023, 15 de noviembre). *Mongolia's Oyu Tolgoi mine and global copper markets*. The Diplomat.

TheInvestor. (2023, 2 de octubre). *Vietnam's SRE Minerals to triple rare earths output*. The Investor.

The Motley Fool. (Wei, J.). (2014, 31 de marzo). *How mining companies have underperformed commodities markets*. The Motley Fool.

The Rio Times. (2025, 17 de julio). *China secures a decade-high number of raw material mines in 2024*. The Rio Times.

Thompson, F. (2025, enero). *Uzbekistan: The next critical minerals hub?* Global Trade Review – The Commodities Issue 2025.

U.S. Department of State. (2024, 14 de septiembre). *U.S.-Uzbekistan critical minerals memorandum*. Departamento de Estado de EE.UU.

U.S. Embassy in the Philippines. (2024, 1 de mayo). *U.S. support for critical minerals development in the Philippines* [Comunicado de prensa].

Referencias

U.S. Geological Survey (USGS). (2025). *Mineral Commodity Summaries – Canada Profile*. USGS.

U.S. Geological Survey (USGS). (2025). *Mineral commodity summaries*. Reston, VA: U.S. Department of the Interior.

United Nations Conference on Trade and Development (UNCTAD). (2023). *Economic Development in Africa Report 2023: The potential of green minerals for Africa's industrialization*. Geneva: United Nations.

U.S. International Development Finance Corporation (DFC). (2022). *Investing in critical minerals in Latin America*. DFC.

United Nations Economic Commission for Africa (UNECA). (2022, 29 de abril). *Zambia and DRC sign cooperation agreement to manufacture electric batteries*. Naciones Unidas.

United Nations Office on Drugs and Crime (UNODC). (2025). *Global analysis on crimes affecting the environment – Mineral crimes: Illegal gold mining*. Naciones Unidas.

United Nations Office on Drugs and Crime (UNODC). (2025). *Global analysis on crimes affecting the environment – Mineral crimes: Illegal gold mining*. Viena: UNODC.

Venditti, B. (2024, 19 de abril). *La brecha entre el precio del oro y el de las mineras*. Mining Press.

Way, S. (2024, 9 de septiembre). *The strategies driving the players in competition for Africa's critical minerals*. Atlantic Council – AfricaSource.

Weihuan, Z. (2024, 19 de noviembre). *Why China's critical mineral strategy goes beyond geopolitics*. World Economic Forum.

White House. (2023, 10 de septiembre). *United States–Vietnam Comprehensive Strategic Partnership*. Casa Blanca.

World Economic Forum (WEF). (2024, 24 de mayo). *US–China trade news roundup: Demand surges for critical minerals*. Ginebra: WEF.

World Economic Forum (WEF). (2025, 13 de mayo). *What are the critical minerals for the energy transition – and where can they be found?* WEF.

World Population Review. (2023). *Platinum production by country 2025*. World Population Review.

Yacimientos de Litio Bolivianos (YLB). (2025, enero 10). *La planta industrial de carbonato de litio produjo 2.064 toneladas en 2024*. YLB Oficial.

Zadeh, J. (2025, 2 de abril). *How commodity prices really impact mining companies' performance*. Discovery Alert.

www.ingramcontent.com/pod-product-compliance
Lightning Source LLC
Chambersburg PA
CBHW031146020426
42333CB00013B/534